이 도서의 국립중앙도서관 출판예정도서목록(CIP)은
서지정보유통지원시스템 홈페이지(http://seoji.nl.go.kr)와
국가자료공동목록시스템(http://www.nl.go.kr/kolisnet)에서
이용하실 수 있습니다.(CIP제어번호 : CIP2015000214)

'기적의 사과'를 길러낸 농부가 들려주는
쉽고 재미있는 흙 이야기

# 흙의 학교

기무라 아키노리 + 이시카와 다쿠지 지음

염혜은 옮김

목수책방
木水冊房

# 들어가는 말

"당신은 어째서 포기하지 않는 겁니까?"

매우 자주 들었던 질문입니다. 그때마다 저는 여러 가지 이유를 들어 대답했습니다. 왜냐하면 포기할 수 없었던 이유가 하늘의 별처럼 셀 수 없이 많았기 때문입니다. 그런데 사실 그 수많은 이유 중에는, 말하면 왠지 사람들이 화를 낼 것 같아서 입 밖으로 말하지 못한 것들도 있습니다. 그 중 하나가 '밭일이 재미있으니까'라는 이유입니다. 물론 밭은 굉장히 다양한 모습을 지니고 있습니다. 농약을 치지 않고 사과를 키워보자는 무모한 생각을 하고 실행에 옮기자마자, 사과밭은 눈 깜짝할 사이에 병충해를 입기 시작했고, 결국 저의 사과나무들은 차츰 고목처럼 말라버렸습니다. 그런 상태는 몇 년 동안이나 계속되었습니다. 지금도 그때를 생각하면 가슴이 답답해질 정도입니다.

그럼에도 불구하고, 당시 밭에서는 재미있는 일이 아주 많이 일어났습니다. 가장 중요한 사과는 단 한 알도 열리지 않았는데도 말입니다. 하지만, 지금 와서 생각해보면 오히려 사과가 열리지 않았기 때문에 재미있었던 게 아닌가 싶습니다. 왜냐하면 그때의 저는 바싹 말라가는 사과밭의 병증을 살펴보느라, 마치 들쥐처럼 온몸의 신경을 곤두세우고 사과나무를, 그리고 자연을 정면으로 마주하고 있었으니까요. 잘난 척 하느라 드리는 말씀이 절대 아닙니다. 저는 정말 당시에 그렇게 하는 수밖에 다른 방법이 없었습니다.

저는 아오모리 현 히로사키 시에서 사과를 재배하는 농부입니다. 이름은 기무라 아키노리라고 합니다. 이와키 산 기슭에 위치한 농원에서 20대부터 거의 40년 동안 사과농사를 지었습니다. 처음에는 저도 다른 어떤 농부에게 지지 않을 정도로 많은 농약과 비료를 사용했고, 커다랗고 반짝반짝 빛나는 먹음직스러운 사과를 길러냈습니다. 하지만 제가 정말 무모하게도 무작정 무농약 사과재배에 도전하자마자, 거짓말처럼 온갖 병충해들이 찾아왔고, 사과나무는 가을이 되기 전에 잎을 거의 다 떨어뜨렸습니다.

농약을 사용하지 않고 나서 약 10년 동안, 저의 사과나무는 꽃조차 피우지 못했습니다. 꽃이 피지 않으면 당연히 사과도 열리지 않습니다. 그리고 사과가 열리지 않으니 당연히 사과농가에는 수입이 발생하지 않습니다.

사과밭은 계속 황폐해져갔고, 가계 상황은 바닥으로 곤두박질쳤습니다. 주위 사람들에게 많은 폐를 끼치며 살

수밖에 없었던 나날들이 이어졌습니다. 그동안 저 자신도 몇 번이나 좌절할 뻔했습니다. 하지만 그때마다 가족과 친구들의 따뜻한 위로와 격려를 받으며 10년 남짓의 세월을 견뎠고, 결국 저는 무농약 사과 재배에 성공했습니다.

모두가 한목소리로 사과를 무농약으로 재배한다는 것은 절대로 불가능한 일이라고 말하던 시절이었습니다. 커다랗고 달콤한 요즘 사과는 모두 농약과 화학비료 사용을 전제로 품종이 개량된 것들이기 때문입니다.

적어도 제가 아는 한, 당시에 그런 것을 해보겠다고 나서는 사람은 아무도 없었습니다. 말하자면 '무농약 사과 재배법' 비슷한 책은, 도서관이나 서점을 아무리 눈 씻고 뒤져봐도 찾을 수가 없었습니다. 하나에서 열까지 모두, 저에게는 미지의 경험이었던 셈입니다.

밭에서는 매일같이 신기한 일이 일어납니다. 산들거리며 불어오는 바람 소리, 방금 손으로 파낸 흙에서 느껴지는 온기와 냄새, 밭에서 자라는 풀들이나 사과나무 주위에 모여드는 본 적도 들은 적도 없는 수많은 벌레들의 모습. 나는 마치 지금 막 태어난 갓난아이처럼, 내 주위의 모든 것들을 아주 집중해서 계속 보고, 듣고, 냄새 맡고, 만졌습니다. 그리고 없는 지혜를 짜내어 계속해서 생각했습니다. 매일매일 끊임없이 사과나무를, 밭의 풀들을, 벌레들을, 하늘을, 공기를, 흙을, 새로 발견했던 것입니다.

그런 식으로 스스로 질문하며 농약을 사용하지 않고 사과를 키우는 방법을 찾는 수밖에 다른 방도가 없었습니다. 그러는 동안 자연은 저에게 많은 것을 가르쳐주었습니다. 예를 들어, 산의 풀과 밭의 풀은 어떻게 다른가, 어떤 풀은 맛이 있고 어떤 풀은 맛이 없는가, 같은 것입니다. 계절에 따라 풀 맛이 달라진다는 것도, 사과의 잎을 먹는 해충은 매우 평화롭고 온화한 표정을 짓고 있는 반면 그 해충을 먹어주는 익충은 오히려 괴수처럼 험악하고 무서운 표정을 짓고 있다는 것도, 다 그 시절에 알게 된 사실입니다.

학교를 졸업했을 때 저는 '이 정도면 공부는 할 만큼 했다, 충분하다'고 생각했습니다. 그리고 그 후에는 더 이상 공부란 것을 할 일이 없을 것이라 생각했습니다. 그런데 그건 말도 안 되는 착각이었습니다. 학교에서 배운 것의 몇 십 배, 아니 몇 백 배나 더 중요한 것을, 저의 밭에서 공부하고 배웠으니까요.

밭의 흙을 파내어 코를 자극하는 그 독특한 냄새를 맡고 있노라면, 지금도 그 신기한 달밤의 광경이 선명하게 눈앞에 떠오릅니다. 지금 생각해보면, 휘영청 밝은 달빛을 듬뿍 받으며 산의 흙을 파내던 그날 밤이, 어쩌면 어른이 된 저의 두 번째 입학식이었던 것 같습니다.

여러분! 여러분들도 가능하면 밖으로 나가 발밑의 흙에 주목해보세요. 그 흙을 두 손가락으로 살짝 집어 들고는, 살펴보고 만져보면서 느껴보세요. 그 흙이야말로 저의 학교였습니다. 그 흙이 저에게, 불가능을 가능으로 만드는 방법을 가르쳐주었습니다.

흙 속에서는 지금 이 순간에도 우리들 인간은 상상도 할 수 없을 만큼 신비로운 일들이 많이 일어나고 있습니다. 그 비밀을 지금부터 여러분께 말씀드리려고 합니다.

1 흙은 무엇으로 만들어져 있나요? 14

2 한 줌의 흙 속에는 몇 마리의 미생물이 있나요? 18

3 흙은 더럽고 지저분하다? 22

4 좋은 흙과 나쁜 흙을 구별하는 법 28

5 잘 만들어진 비료에서는 악취가 나지 않는다 31

6 잡초는 언제부터 방해물 취급을 받았을까요? 36

7 사과나무를 지키는 신, 미생물 41

8 흙의 온도를 측정하는 이유 46

9 산민들레는 왜 밭의 민들레보다 큰가요? 50

10 산의 흙이 좋다면 왜 그 흙으로 재배하지 않나요? 56

11 비료는 식물의 성장에 꼭 필요한가요? 59

| 12 | 생명을 품고 기르는 어머니, 흙 | 62 |
| 13 | 김매기를 하지 않으면 밭의 풀은 어떻게 변하나요? | 67 |
| 14 | 밭에 콩을 심는 이유 | 70 |
| 15 | 눈에 보이지 않는 흙 밑의 세상을 보는 방법 | 77 |
| 16 | 흙의 성격을 파악한다는 것 | 80 |
| 17 | 벌레의 마음을 읽는 방법 | 83 |
| 18 | 과일 무농약 재배가 채소보다 어려운 이유 | 88 |
| 19 | 그냥 자연에 맡겨버려서는 안 되는 농업 | 92 |
| 20 | 우리 사과밭에 병이 퍼지지 않는 이유 | 95 |
| 21 | '얌전한 병원균'의 의미 | 98 |
| 22 | 생태계를 이용하는 농업 | 101 |

| | |
|---|---|
| **23** 자연은 게으름뱅이? | 105 |
| **24** 벌레는 어떤 얼굴을 하고 있을까요? | 110 |
| **25** 맛 있는 풀, 맛 없는 풀 | 115 |
| **26** 적을 만들지 않는 농업 | 119 |
| **27** 한 그루의 나무에는 몇 개 정도의 사과가 열리나요? | 123 |
| **28** 농부가 가장 좋아하는 계절 | 125 |
| **29** 영양이 남아도니까 벌레가 꼬이는 것 | 128 |
| **30** 대초원과 박테리아 | 130 |
| **31** 왜 겨울에는 톱이 잘 들까요? | 133 |
| **32** 잎맥과 가지의 관계 | 136 |
| **33** '기적의 사과'는 마당에서도 키울 수 있을까요? | 140 |

| 34 | 가지를 자르면 나무가 건강해진다? | 146 |
| 35 | 벌레는 손으로 잡자 | 149 |
| 36 | 식초를 살포하는 법 | 153 |
| 37 | 자연을 '거꾸로' 보자 | 156 |
| 38 | 몇 종류의 사과를 재배하고 있나요? | 160 |
| 39 | 농부가 되려면 어떻게 해야 하나요? | 162 |
| 40 | 한 그루 한 그루 개성이 넘치는 사과나무 | 165 |
| 41 | 사과상자와 학교 | 169 |
| 42 | 사과는 얼마만큼 자랄 수 있나요? | 172 |
| 43 | 싹이 나기 전에 나오는 것 | 174 |
| 44 | 자연의 시간을 산다는 것 | 177 |

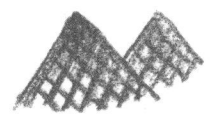

# 1

## 흙은 무엇으로 만들어져 있나요?

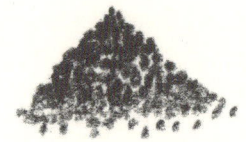

지구地球는 단적으로 말하면 땅덩어리, 흙덩어리란 뜻입니다. 이렇듯 우리가 사는 별을 '흙덩어리'라는 이름으로 부를 정도니까, 흙은 원래부터 항상 그냥 그 자리에 존재했던 게 아닐까 하는 생각을 하는 사람도 많을 것 같습니

다. 흙은 그 정도로 너무나 자연스럽게 우리 주위에 존재하는 물질입니다.

저도 그랬습니다. 제가 항상 밟고 있는 흙이 어떻게 만들어진 건지, 어디서 온 건지 생각해본 적도 없었습니다. 흙에 대해 진지하게 생각하게 된 것은 달이 떠있었던 날 밤, 산의 흙이 폭신폭신하고 말랑말랑하다는 것을 알게 된 그날부터였습니다. 달밤에 그런 신기한 깨달음을 얻은 이후 이 산의 흙이 진정한 답이 될 수 있으리라 생각하게 되었고, 그때부터 저는 매일같이 흙을 관찰하기 위해 산으로 출퇴근을 했습니다.

산의 흙이라는 말을 쓰긴 했지만, 사실 사람들이 거의 들어가지 않는 깊은 산속에 들어가 보면 막상 흙 같은 것은 거의 눈에 띄지 않습니다. 왜냐하면 발밑에 마른 잎이 가득 쌓여있기 때문입니다. 저는 가장 위에 놓여있는 마른 잎을 살짝 손으로 걷어냈습니다. 마른 잎 밑에는 아직도 마른 잎이 있었습니다. 그 마른 잎 밑에도, 또 그 밑에도, 계속 마른 잎이 보였습니다.

저는 고개를 들어 주위 나무들을 올려다보았습니다. 숲 바닥에 끝없이 쌓여있는 마른 잎들은 해마다 이 나무들이 떨어뜨린 것입니다. 가장 위에 있던 잎은 아마도 작년

가을에 떨어진 것이겠지요. 비에 젖고 색도 바랬지만, 그 잎 모양만은 선명하게 보존되고 있었습니다. 그 밑층은 그보다 1년 전에 떨어진 잎이 틀림없습니다. 잎이 상당히 너덜너덜해진 모양새입니다. 그 밑층은 또 그보다 1년 전의 잎이겠지요. 비교적 딱딱한 잎맥만 남았고, 잎의 다른 부분은 다 삭아버린 상태입니다. 살짝 손으로 쥐어봤더니 그대로 바스러져서 마른 잎은 그 원형을 잃어버립니다. 그런 과정을 계속 반복하다 보니 조금씩 검은빛이 도는 땅이 나타나기 시작했습니다.

눈치 채셨나요? 맞습니다! 숲의 흙은 바로 낙엽이 모습을 바꾼 것이었습니다. 아니, 낙엽뿐만이 아닙니다. 버섯이나 곰팡이류 식물들, 다양한 풀도 그곳에서 자라고 있었고, 곤충이나 지렁이, 눈에 보이지 않을 정도로 작은 미생물까지, 제가 파낸 마른 잎 속에 모두 섞여있었습니다. 야생동물의 모습은 보지 못했습니다만, 새나 너구리나 곰도 산속에서 죽으면 언젠가는 이 마른 이파리처럼 잘게 부서지고 분해되어 흙으로 변해버리겠지요.

마른 잎 저 밑바닥에 있는 흙은 정말 너무나 폭신폭신하고 말랑말랑 부드러우면서, 코를 자극하는 독특한 냄새를 풍기는데, 뭐라고 말로 표현할 수 없을 정도로 상쾌하고 깨끗한 냄새입니다. 그 냄새의 근원이 무엇인지는 알 수 없었지만, 저는 슈퍼마켓 장바구니에 그 흙을 가득 채워넣고 그 냄새가 날아가지 않도록 입구를 꼭 동여맨 후에 집으로 가져왔습니다. 밭의 흙과 냄새를 비교해보고 싶었기 때문입니다.

하지만 비교해볼 것까지도 없었습니다. 저의 과수원 흙은 그런 냄새가 전혀 나지 않았으니까요. 도서관에서 조사해본 결과, 산에서 맡았던 흙냄새의 근원은 아무래도 방선균放線菌이라는 박테리아의 일종 때문이 아닌가 하는 결론에 도달했습니다. 방선균은 숲의 흙을 만드는데 없어서는 안 되는 생물이라고 하더군요. 흙이란 결국 거기에 살고 있는 살아있는 것들의 모든 생명활동에 의해 만들어지는 것이니까요.

방선균은 곰팡이 모양의 미생물로
실 상태의 균사가 방사상으로 뻗어있는 세균입니다.

## 2

**한 줌의 흙 속에는
몇 마리의 미생물이 있나요?**

이 질문에 정확한 답을 해야 한다면, '잘 모르겠다'고 말하는 게 옳을 것 같습니다. 왜냐하면 말이 쉬워 '흙'이지, 장소에 따라 '흙' 속 생물의 종류와 수가 엄청나게 다르기 때문입니다. 또 다른 이유로는 지금까지 그런 것을 제대로 세어본 사람이 없다는 것입니다. 아마도 어마어마할 정도로 너무 방대한 숫자이기 때문에 엄두가 나지 않아서 세지 못한 게 아닐까 싶습니다. 아무튼 엄청난 수의 생물이 한 줌의 흙 속에 있다는 것만은 확실합니다.

덧붙이자면, 여기에서 말하는 생물의 대부분은 세균이나 곰팡이 친구들입니다. 물론 한 줌의 흙 속에는 지렁이도 있을 수 있고 진드기나 이 등이 있을 가능성도 충분히 있습니다. 하지만 세균의 수에 비하면 그런 종류의 비교적 '덩치가 큰' 생물의 수는 오차 범위 안에 들 정도로 극히 미미한 숫자에 불과합니다.

예전에 어느 대학교수가 저에게 '한 줌의 흙 속에는 지구의 인구보다 더 많은 박테리아가 들어 있다'고 가르쳐준 적이 있습니다. 결국 몇 십 억의 미생물이 존재한다는 이야기였지요. 하지만 최근에 읽은 책에 의하면 '몇 십 억이라니 말도 안 된다, 비옥한 땅 한 줌에는 무려 1000억이라는 어마어마한 단위의 세균이 서식하고 있다'고 합니다. 그리고 또 다른 세균학자가 쓴 책에 의하면, 이 지구상의 모든 세균의 무게를 합하면 전 인류의 몸무게를 합친 것의 2000배가 넘는다고 합니다. 게다가 그 세균의 대부분이 흙 속에 있다는 것입니다. 상상도 할 수 없는 양입니다만, 아무튼 어마어마한 수의 미생물이 흙 속에 살고 있다는 것만은 틀림없는 사실인 것 같습니다.

예전에 어느 기업 연구소에 가서 전자현미경으로 흙을 들여다볼 기회가 있었습니다. 당시, 비료도 농약도 사용하지 않는 저의 밭은 연구하는 분들에게도 보물 같은 것이었기에, 여러 분야의 학자들이나 교수님들, 기업 연구원들이 저의 밭을 자주 방문해주었습니다. 보통의 밭에서는 발견할 수 없는 곤충들이며 세균들, 박테리아 등이 저의 밭에 살고 있었으니까요.

이런 인연으로 저는 당시에는 도무지 신기하기만 하던 전자현미경을 통해 흙 속에 사는 미생물을 들여다볼 수 있었습니다. 현미경 속 세상은 정말 신기하기 짝이 없었습니다. 우선 생물들 한 마리 한 마리의 크기가 고작 1mm의 몇 백분의 일, 아니 몇 천분의 일이라는 사실이 믿을 수 없을 정도로 신기했습니다. 그 속에 펼쳐진 세상이 황홀할 정도로 정교했습니다.

게다가 신비로운 바다 밑 세상이 그러하듯이, 다른 미생물을 유인하여 잡아먹는 미생물까지 있었습니다. 정글이나 해저와 마찬가지로, 그곳에서도 먹는 자와 먹히는 자의 세상이 되풀이되고 있었던 것입니다. 그 작은 생물들에게 있어서, 한 줌의 흙은 그 자체로 훌륭하게 자신들이 사는 세상이면서 또한 우주인 것입니다.

(3)

# 흙은
## 더럽고 지저분하다?

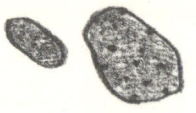

최근 도시에서는 하루에 한 번도 흙을 보지 못하고 사는 것이 당연한 일상이 되었다고 들었습니다. 그 와중에 혹시라도 아이들이 흙투성이가 되어 밖에서 돌아오면, 대부분의 엄마들은 이렇게 말하겠지요. "이런, 지저분해라.

빨리 손 씻고 오렴."

하지만, 잠깐만요! 손에 흙이 묻었다면 씻는 게 당연하겠지만, 흙을 '지저분하다'고 규정하지는 않았으면 합니다. 제가 어렸을 때에는, 흙 정도가 아니라 여기저기에 분뇨구덩이가 있었습니다. 모르시는 분이 있을지 모르니 대충 설명을 드리자면, 퇴비로 쓰기 위해 소변을 모아 발효시킨 것을 땅속에 묻어놓은 커다란 항아리입니다. 퇴비 항아리라고도 부르지요.

물론 저희 집 밭에도 분뇨구덩이가 있었습니다. 그런데 문제는 그 분뇨구덩이 바로 옆에 커다란 감나무가 있었다는 것입니다. 저는 어릴 때 자주 감나무 가지를 꺾어서 부메랑을 만들어 놀았습니다. 감나무는 가지가 새로 나오는 부분이 많기 때문에 그 갈라진 가지 모양이 부메랑을 만들기에 딱 안성맞춤이었거든요. 그날도 저는 그 분뇨구덩이 바로 옆에 있는 감나무에 사다리를 척 걸쳐놓고는 나무에 올라갔습니다. 감나무는 가지가 잘 부러지니까 올라가면 안 된다고 부모님께 귀에 딱지가 앉도록 주의를 받았는데도 불구하고 말이죠.

여기까지 말했으니, 무슨 일이 일어났는지 말 안 해도 짐작하시겠지요? 여러분들이 짐작하시는 대로입니다. 맞습니다. 저는 보기 좋게 분뇨구덩이에 떨어지고 말았습니다. 그때는 상황이 상황인지라, 어머니는 급히 저를 우물가로 끌고 가서 바로 옷을 벗기고 머리부터 물을 마구 끼얹었습니다. 하지만 그게 끝이었습니다. 딱 15분 정도의 난리법석, 그리고 상황 종료. 어머니는 제 몸에 묻은 오물을 깨끗이 씻겨주신 후, 재빨리 일하시던 밭으로 돌아가셨습니다. 그리고 저는 머리카락이 아직 마르기도 전에 다시 놀러 뛰어나갔죠.

요즘 시대에 이런 일이 일어났다면 어땠을까요? 아주 야단법석을 떨었을 겁니다. 불 보듯 뻔합니다. 아마 분뇨구덩이에 내 사랑하는 아이가 빠졌다면 머리부터 물을 끼얹는 정도로 안심하는 엄마는 거의 없을 겁니다. 어쩌면 악취를 풍기는 액체를 조금이라도 마셨을지도 모르고, 눈이나 귀, 콧속을 통해 엄청나게 위험한 세균이 몸속으로 들어갔을지도 모른다고 생각했을 테니까요. 신경이 예민한 엄마라면 비누로 온몸을 구석구석 씻기고 소독한 뒤, 만약을 위해 병원에 데리고 갈지도 모르겠습니다.

전쟁이 끝난 지 얼마 안 되어서 아직 식량난으로 허덕이던 시절에 태어나 자란 저와 무균실처럼 지나치게 청결한 환경에서 자란 요즘 아이들은 아마도 면역력부터 차이가 있을지 모릅니다. 그러니 옛날 사람인 우리 엄마와 과도하게 예민한 요즘 엄마, 둘 중 누가 옳다 그르다 말할 수는 없겠지요. 하지만 아무리 그래도 세상이 갑자기 너무 변했다는 느낌은 지울 수가 없습니다.

분뇨구덩이에 떨어진 건 그때 딱 한 번뿐이었지만, 제가 어린 시절에는 매일같이 흙투성이가 되어 놀았습니다. 물구덩이가 있으면 반드시 들어가서 첨벙거리며 놀았고, 고드름이 매달리면 반드시 깨뜨리며 놀았고, 진흙놀이는 필수였고, 늪에서 가재를 잡거나 올챙이를 잡거나 하며 놀았습니다. 그러니 어린아이가 진흙투성이로 집에 돌아오는 건 당연한 일이었고, 어른들이 그것 때문에 화를 내는 일은 없었습니다. 왜냐하면 농사일을 하셨던 부모님들도 어릴 때는 저와 똑같이 놀았으니까요.

흙은 단적으로 말하자면, 생활의 일부였습니다. 흙을 지저분하다고 생각한 적은 한 번도 없었습니다. 저는 흙을 지저분하다고 생각하기 시작한 시점부터 일본의 농업이 조금씩 변하기 시작했다고 생각합니다. 그것과 동시에 인간이 자연으로부터 급속히 멀어지기 시작했다는 생각도 듭니다.

물론 흙 속에 있는 세균 탓에, 상처가 난 부분이 곪을 수

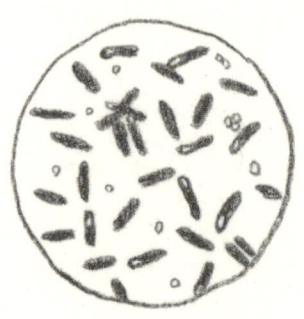

↑ 보툴리누스균
↓ 파상풍균

도 있고, 파상풍균이나 보툴리누스균 등 위험한 세균이 잠복해 있는 경우도 간혹 있을 수 있습니다. 그런 사실 때문에 흙은 지저분하다는 이미지가 생긴 것일지도 모르겠습니다. 흙이 묻은 것을 먹어도 된다거나, 몸에 흙이 묻어도 털지 말라는 이야기를 하는 것이 아닙니다. 저도 밭일을 하고 집에 돌아오면, 가장 먼저 목욕탕에 들어가 몸을 깨끗이 씻는 게 개운하고 좋습니다.

하지만 그렇다고 해서 머릿속에서 흙은 지저분한 것이라고 규정을 하고는 의식적으로 흙을 멀리하는 생활을 하는 것은 뭔가 잘못 되었다는 이야기입니다. 인간이라는 동물은 지상에 출현하고 나서 몇 십만 년이라는 세월을 두 다리로 흙을 밟으면서 살아왔습니다. 그 사실을 잊지 않았으면 좋겠습니다. 여러분이 매일 먹고 있는 쌀이나 채소도 다 그 흙이 있어야 자랄 수 있는 것들입니다.

도시에서 나고 자란 여러분들께 질문이 하나 있습니다. 혹시 자신의 발로 흙을 밟아본 게 언제쯤인지 기억할 수 있나요?

## 4

## 좋은 흙과 나쁜 흙을 구별하는 법

질문 자체가 뭔가 잘난 척하는 것 같아서 굉장히 송구스럽다는 고백을 하고 시작해야겠습니다. 저는 농가에서 태어나 자랐고 지금도 농업에 종사하는 농민이지만, '그때'까지는 제대로 흙냄새를 맡은 적이 없었습니다. 여기서 말하는 '그때'라는 시점은, 말하자면 무농약 재배를 시작하게 된 덕에 사과밭에 병충해가 대량으로 발생하여, 사과나무는 꽃을 피우지 못하고, 꽃이 피지 못하니 당연히 열매도 맺지 못해서 사과를 수확할 수도 없게 되고, 그런 해가 몇 년이고 몇 년이고 계속되고, 아무리 머리를 싸매고 생각해보고 노력해봐도 상황은 점점 나빠지기만 해서, 결국 몽땅 다 포기하고 죽으려고 이와키산에 올라갔던 '그날 밤'을 이야기합니다. 앞에서 이미 여러 번 이야기했던 그 '신기한 달밤' 말입니다.

죽으려고 올라갔던 산에서 저는 '산의 나무들은 한 방울의 농약도 치지 않았는데 어쩌면 이렇게 건강하고 싱싱하고 무성할까', 하는 생각을 하게 됐습니다. 굉장히 신기한 느낌이었습니다. 신기하게 생각하면서 동시에 그 답에 대한 힌트를 찾으려고 눈을 반짝였습니다. 그때 저의 눈에 들어온 것이 바로 발밑의 폭신폭신한 흙이었습니다.

어쩌면 이 산의 흙이 답이 되지 않을까 생각하면서, 정신없이 흙을 파냈습니다. 흙을 푸는 도구 같은 건 아무것도 가져오지 않았기 때문에, 맨손으로 흙을 파서 담았는데, 그때 훅! 하고 코로 냄새가 들어오는 걸 느꼈습니다. 그때 저는 처음으로 '아! 흙에도 냄새가 있구나' 하는 생각을 했습니다. 그리고 이런 냄새가 나는 흙을 만들면 되지 않을까, 하며 제 나름대로 답을 찾아냈습니다. 그때는 이유고 뭐고 아무것도 몰랐습니다. 단지 직감적으로 그런 생각이 들었습니다.

사실 좋은 흙을 만들어야 한다는 말은 농업에 종사하는 사람이라면 귀에 딱지가 앉을 정도로 흔히 듣는 말입니다. 하지만 정작 그렇게 말을 한 사람이라도 상대방이 좋은 흙이 대체 어떤 흙인지 되물으면 참 대답하기 곤란한 애매한 상황에 처하게 됩니다. 적어도 저는 그랬습니다.

좋은 흙과 나쁜 흙이 옆에 나란히 있어도, 눈으로 보는 것만으로는 어느 쪽이 좋은 흙인지 보통은 알 수 없습니다. 때문에 저는 예전에는 그냥 모르는 채로 깨끗하게 밭을 경작하고 비료를 듬뿍 주었습니다. 퇴비를 만들기도 했습니다. 그러고는 그런 작업들이 바로 좋은 흙을 만드는 것이라고 생각했습니다.

하지만 그때 처음으로 내 자신의 감각에 의지해 좋은 흙이 구체적으로 어떤 것인지 확인할 수 있게 되었습니다. 좋은 흙은 냄새가 다르다는 것을 깨달았기 때문입니다.

## 5

**잘 만들어진 비료에서는
악취가 나지 않는다**

어릴 때 저희 집에는 말이 있었습니다. 그 시절 농가에서는 모두 몇 종류씩 동물을 기르는 게 보통이었습니다. 실제로 저희 집에는 말 이외에 돼지와 닭도 몇 마리씩 있었습니다. 말을 기르면 오염된 짚단이 대량으로 발생합니다. 그래서 그 짚단으로 퇴비를 만듭니다. 아버지들은 퇴비가 아니라, 두엄이라고 말씀하셨지만요. 이름이야 어떻든 흙을 비옥하게 만들어주는데 사용한 것만은 틀림없습니다.

마당 한구석에 퇴비장을 만들어서 짚단을 쌓아놓고, 음식물 쓰레기나 부엌에서 나온 채소 껍질 등을 모두 이곳에다 버렸습니다. 그걸 저희는 퇴비산이라고 불렀는데, 소변도 이 퇴비산을 향해 누었던 기억이 납니다. 이렇게 여러 가지 것들이 섞여 두엄이 완성되었습니다.

지푸라기나 채소 쓰레기 등을 단지 쌓아두기만 하면 되는 건 아닙니다. 아버지는 쌓아올린 퇴비를 자주 뒤집어주셨습니다. 뒤집는다는 것은 퇴비의 산을 헤집어서 퇴비의 산 바닥까지 공기를 주입시키는 작업입니다. 이것을 게을리 하면 좋은 퇴비가 만들어지지 않습니다. 추운 겨울날에도 아버지는 웃통을 벗고 상반신을 드러낸 채 이 작업을 하셨습니다.

퇴비에서는 왜 그렇게 열이 많이 나는 걸까? 어릴 때는 그게 너무나 신기했습니다. 왜 거기서 뜨거운 김이 나오는 걸까? 어떻게 퇴비는 그렇게 뜨거운 걸까? 퇴비를 만지면 항상 깜짝 놀랄 정도로 뜨거웠습니다. 아무리 생각해도 열 비슷한 것을 가한 기억이 없는데 말이죠.

퇴비산에는 버섯도 자랐는데, 퇴비산의 위쪽과 아래쪽에서 자라는 버섯은 그 종류가 달랐습니다. 왜 장소에 따라 다른 종류의 버섯이 나는 걸까? 그것도 궁금해서 엄마한테 물어봤지만, 쓸데없는 걸 묻는다고 혼만 났습니다.

지금 생각해보니 엄마도 모르셨던 거겠지요. 아마 아버지도 모르셨을 겁니다. 이치나 논리는 모르더라도, 당연하게 해야 할 것을 묵묵히 하는 것이 옛날 농부의 방식이었으니까요. 하지만 또 그것이 신기할 정도로 논리적이고 과학적이라는 것이 놀라울 따름입니다.

어른이 되어 알게 되었지만, 퇴비에서 열이 나는 건, 미생물이 짚단이나 음식물 쓰레기 등의 유기물을 분해할 때 발생시키는 열 때문입니다. 그 온도가 60도가 넘으니 그렇게 뜨거울 수밖에요. 아버지가 옷을 벗을 만한 이유가 있었던 겁니다.

이미 에도시대에 이 미생물의 열을 이용하여 아직 추운 이른 봄 시기에 채소 모종을 만드는 기술이 완성되었다고 합니다. 밭에 구멍을 파고 거기에 낙엽이나 짚, 쌀겨 등을 배합한 것을 넣어서 그곳에서 생기는 열을 이용하여 모종을 키우는 방식이라고 들었습니다.

퇴비의 산을 뒤집어 퇴비 바닥까지 공기를 보내주면 좋은 퇴비가 만들어집니다.

음식물 쓰레기, 채소 쓰레기 등
지푸라기

유기물을 분해할 때, 미생물들은 대량의 산소를 소비합니다. 공기를 좋아하기 때문에 호기성균好氣性菌이라 부르는데, 그 때문에 퇴비를 쌓아둔 채로 두면 산소 결핍 상태가 되어, 이번에는 산소를 필요로 하지 않는 혐기성균嫌氣性菌이 늘어나게 됩니다. 그렇게 되면 퇴비가 악취를 발생시켜 결국 퇴비 만들기는 실패로 돌아갑니다. 그렇게 되지 않도록 아버지는 재빨리 뒤집기를 하고 산소를 퇴비 속으로 밀어 넣어준 것입니다. 호기성균, 혐기성균 같은 어려운 용어는 전혀 몰랐는데도 말이죠.

완전히 분해가 끝난 퇴비는 그다지 냄새가 심하게 나지 않습니다. 보통 퇴비를 만들지 않고 분뇨를 그냥 방치한다면 그것이 점점 부패하여 악취가 더 심해지겠지요. 하지만 퇴비는 처음에는 엄청난 악취가 나지만, 시간이 지남에 따라 악취가 옅어집니다. 어렸던 저는 그것도 얼마나 신기했는지 모릅니다.

퇴비 뒤집는 작업을 하니 더워요, 더워!

## 잡초는 언제부터
## 방해물 취급을 받았을까요?

이럴 수가! 알고 보면 우리 아버지들이 해온 일은 하나같이 자연의 순리에 맞는 일이었습니다. 정말 놀랍지 않습니까? 제가 어릴 때 말이 먹던 먹이는 논두렁에서 자라는 풀이었고, 아버지가 베어온 엄청난 양의 풀을 잘게 썰어 말에게 주는 건 아이들의 몫이었습니다. 말의 먹이가 논두렁에서 자라는 풀이었으니, 말에게 먹이를 준다는 것은 동시에 김매기를 하는 것과 같았습니다. 게다가 그 시절은 아직 제초제를 사용하기 전이었으니, 풀은 베어도 베어도 다시 자랐습니다.

그 시절까지도 말은 논이나 밭을 경작하거나 짐을 운송하는 등 농업에 필요한, 지금으로 말하자면 일종의 농업기계였습니다. 그러니까 저희들이 잘게 썬 잡초는 그 농업기계의 연료였던 셈입니다. 생각해보면 참 놀라운 일입니다. 논두렁에 연료가 끊임없이 퐁퐁 솟아나고 있었고, 심지어 공짜로 마음대로 가져갈 수 있었다는 이야기니까요.

언젠가 석유 가격이 치솟았을 때, 옥수수나 사탕수수로 알코올을 만들어 연료로 사용하는 바이오연료 이야기가 나온 적이 있었습니다. 하지만 에너지 효율 면에서 생각해보면, 모르긴 몰라도 아마 논두렁 잡초를 말에게 먹이는 편이 그것보다는 훨씬 더 이익일 겁니다. 바이오연료를 만들려면 적어도 대량의 옥수수를 수확해서, 운반해서, 발효시켜서, 에탄올을 만들어서, 또 그것을 운반해서 트랙터에 넣어야 하니까요. 게다가 그 에탄올도 당연히 공짜가 아닙니다. 그런 의미에서 잡초는 궁극의 바이오연료라고 말해도 좋지 않을까 하는 생각마저 드는군요. 어떤가요? 저의 생각이 그럴 듯하게 들리지 않나요? 이런, 제가 좀 흥분했네요. 지금까지의 말은 잊어주세요. 농담이었습니다. 말이 농업기계라니요! 사실 농업기계와 말은 수행하는 일의 양이나 내용이 전혀 다르지요.

말을 사용하던 시대에는 모내기 하나만 하려 해도 아주 많은 일손이 필요했습니다. 모내기 시기에는 학교가 휴교령을 내릴 정도였으니까요. 지역 전체가 협력하고 일가족 전체가 총동원되지 않으면 좀처럼 끝내기 힘든 대대적인 행사였습니다. 그런데 지금은 상당히 넓은 논도 거의 혼자서 모내기를 끝낼 수 있습니다. 그 덕분에 요즘엔 농촌지역에서도 학교를 휴교하는 경우는 거의 없습니다. 이런 것들 전부가 다 농경기계 덕분입니다. 좀 더 말해보자면, 농경기계가 발달한 덕분에 농촌지역에서는 저처럼 장남이 아닌 둘째, 셋째 아들의 노동력이 남아돌게 되었고, 그 결과 그 노동력이 도시로 유입되어 현대의 일본사회를 지탱하게 만든 셈입니다. 그런 의미에서 농경기계의 발달은 현대 일본을 발전하게 만들었다고 볼 수도 있겠네요.

다시 말 이야기로 돌아가보죠. 말을 기르려면 손도 많이 가고, 축사는 항상 파리로 들끓고, 마당에는 두엄 냄새가 항상 떠다닙니다. 하지만 말과 농경기계의 결정적 차이점은 뭐니 뭐니 해도 말은 기계가 아니라는 사실입니다. 말은 인간과 같은 생물입니다. 소중하게 대해주면 마음도 언어도 다 통하는 동물이기 때문에 많은 농가에서 거의 가족 같은 존재였습니다. 병이 나면 간병도 해주고, 죽으면 가족이 죽은 것처럼 똑같이 슬퍼했지요. 하지만 농경기계가 보급되기 시작하면서 전국의 농가에서 말이 점점 그 모습을 감추었습니다. 마지막까지 소중하게 말을 기르던 농가도, 기르고 있던 말이 죽으면 다시 말을 키우지 않았습니다.

저희 집에 말 대신 경운기가 들어온 건 제가 초등학교 고학년 때였던 걸로 기억합니다. 그때는 조심조심 등유로 경운기를 움직였습니다. 가솔린으로 엔진을 가동시킨 후, 중간부터 등유로 바꾸는 거지요. 저는 그런 모든 과정들이 너무 재미있어서 형과 함께 자주 경운기로 장난을 치곤 했습니다. 엔진박스 뚜껑을 열고 플러그를 빼보기도 하고 말이죠. 그대로 엔진을 손으로 돌리면 플러그를 쥐고 있던 손에 파밧, 하고 전류가 튀어 오르기도 했습니다.

중학교에 들어갔을 때, 기술·가정 교과서에 엔진 구조와 모터 구조가 나오는 것을 보고 얼마나 기뻤는지 모릅니다. 당연히 그 시험만은 전혀 공부하지 않아도 항상 100점이었습니다. 사실 아이인 저에게는 말이 없어진 것보다 경운기가 집에 들어온 것이 훨씬 더 강렬한 인상을 남기는 일이었습니다. 그리고 아마도 논두렁에 제초제를 뿌리기 시작한 것도 그때쯤이었던 걸로 기억합니다. 풀을 베어 말에게 먹이로 줄 필요가 없어진 것이 그때부터였으니까요. 풀은 그때부터 그냥 방해물로 전락해버렸습니다.

## 사과나무를 지키는 신, 미생물

흙 속뿐만 아니라 식물 속에도 균류 등의 미생물이 잔뜩 서식한다고 가르쳐준 사람은 히로사키대학 농학생명과학부의 스기야마 슈이치 교수님입니다. 교수님을 처음 만난 지도 벌써 20년 가까운 세월이 지났습니다. '농약을 사용하지 않는다. 비료도 뿌리지 않는다. 그런데 어떻게 기무라 씨 밭의 사과는 병충해에 걸리지 않는 걸까?' 선생님은 처음에 그것이 너무 신기해서 저의 사과밭을 보러 오셨다고 합니다.

그때의 인연으로 지금도 스기야마 선생님은 매주 연구실 학생들을 데리고 저의 밭을 찾아와서는, 흙을 살펴보기도 하고 잎을 살펴보기도 하십니다. 지금 저의 사과밭은 밭이면서 동시에 스기야마 선생님의 야외연구실이 된 셈입니다. 저는 비료도 농약도 사용하지 않는 이 재배법에 '자연재배'라는 이름을 붙였고, 지금은 이 재배법을 배우길 원하는 일본 전역의 농가를 다니며 농법을 지도하고 있습니다.

하지만 이 재배법을 발견했을 당시에 세상은 이 자연재배를 거의 이해하지 못했습니다. 저의 재배법에서는 식초에 물을 200배 혹은 300배 정도로 옅게 타서 만든 식촛물을 사과나무에 살포합니다. 아주 약한 살균작용을 할 수 있는 식초를 몇 백 배로 희석해서 사용하는 것이지요. 그렇게 옅게 희석하는 이유는 그렇게 하지 않으면 사과나무의 잎이 식초의 산으로 인해 망가지기 때문입니다. 그런데 이미 이 지점에서 사람들은 의심을 하기 시작합니다. 왜냐하면 상식적으로 생각해볼 때, 겨우 식초를 뿌리는 정도로 병을 예방할 수 있다면 아무도 고생할 필요가 없을 테니까요. 사실 평범한 농원의 사과나무에 뿌린다면 거의 효과가 없을 겁니다. 하지만 잡초가 자라고 흙이 살아있는, 즉 자연적인 생태계를 부활시킨 저희 사과밭의 사과나무는 보통 밭의 사과나무와 비교가 되지 않을 정도로 길고 튼튼한 뿌리를 갖고 있습니다. 가벼운 병 정도는 스스로 치유할 수 있는 일종의 자연치유력을 갖추고 있지요. 그렇기 때문에 아주 연한 식촛물을 제때에 제대로 살포해주는 것만으로도 병을 예방할 수 있는 겁니다.
하지만 사람들은 그 간단한 방법이 좀처럼 믿기 힘들었나봅니다. 믿어주는데 참 많은 시간이 걸렸습니다. '고작 식촛물을 살포하는 것 정도로 사과가 잘 자랄 리가 없어. 아니, 설령 자란다 하더라도 밭은 병충해를 잔뜩 입고 말 거야. 확실해. 멀쩡한 모양의 사과가 달릴 리가 없어. 그런 일은 있을 수 없어.' 이런 식이었습니다.
그런 일이 있을 수 있는지 없는지는 실제로 사과가 열리는 저의 밭에 와보면 바로 알 수 있을 텐데 말이죠. 하지만 스기야마 선생님처럼 실제로 밭을 조사해보겠다고 오는 과학자는 아주 소수에 불과했습니다. 물론 스기야마 선생님도 처음에는 반신반의한 것이 틀림없습니다. 제가 한 일은 당시의 정통 농학 상식으로는 생각하기 힘든, 매우 엉뚱한 짓이었으니까요.

스기야마 선생님은 밭의 미생물에 주목했습니다. 미생물은 흙 속은 물론, 잎의 표면에도, 잎 속에도, 밭 안이라면 어디에나 존재하고 있습니다. 때문에 선생님은 농약도 비료도 사용하지 않는데 사과가 자랄 수 있는 것의 비밀은 밭에 사는 미생물에 있는 게 아닌가 생각하셨던 것입니다. 그리고 저희 밭을 살펴보면서 여기저기에서 이것저것들을 채취하며 연구를 시작하셨습니다.

선생님 연구실에 놀러 가면, 몇 백 개의 페트리접시(둥글고 납작하며 뚜껑이 있는 유리 배양 접시)가 줄지어 있습니다. 선생님은 그 접시들이 다 저의 밭에서 채집한 미생물을 배양해서 조사하고 있는 것이라고 일러주셨습니다. 그리고 선생님의 그런 연구 덕분에 저희 밭의 흙과 사과나무에 다른 보통 밭에 있는 것보다도 훨씬 더 많은 미생물이 살고 있다는 것을 알게 됐습니다. 이 연구는 지금도 계속되고 있습니다.

전국으로 확산되는 자연재배

자연재배 학원을 필두로,
개인뿐 아니라 조직적인
농산물 생산이 시작되고 있습니다.

# 8

**흙의 온도를
측정하는 이유**

이와키산에서 그 폭신폭신한 흙을 만난 다음부터, 저는 매일같이 그 산속으로 출근을 해서 산의 흙과 밭의 흙이 어떻게 다른지를 조사했습니다. 훅, 하고 코를 자극하는 냄새에 대해서는 이미 앞에도 썼습니다만, 그 외에 크게

다른 점이 하나 있었는데 그것은 온도였습니다. 산의 흙은 파도 파도 계속 따뜻했습니다. 밭의 흙에서는 그런 걸 느껴본 적이 없었기 때문에, 어쩌면 이게 힌트가 될지도 모른다는 생각에 온도계를 구입해 흙의 온도를 재보기로 했습니다.

온도계는 초등학교 과학실에 있을 법한, 유리막대기 속에 빨간 알코올이 들어있는 아주 평범한 것을 사용했습니다. 깨지면 큰일 나니까 항상 스티로폼에 끼워서 가지고 다니면서, 한때는 짬이 날 때마다 흙을 파서 온도를 재곤 했습니다. 흙을 파면서 줄자로 10센티미터마다 온도를 재서 기록을 했지요.

산의 흙과 밭의 흙의 가장 큰 차이는 무엇보다 온도입니다. 산의 흙은 아무리 파내도 온도가 거의 변하지 않고 따뜻한데 반해, 밭의 흙은 파내려 가면 바로 온도가 급격히 떨어집니다. 산의 흙은 50센티미터 깊이까지 파내려 가도, 지표면과의 온도 차이가 기껏해야 1도에서 2도 정도에 불과합니다. 하지만 밭의 흙은 살짝만 더 파도 바로 온도가 내려갑니다. 장소나 계절에 따라 조금씩 다르긴 하지만, 10센티미터만 내려가도 6도에서 8도까지 온도가 내려가는 밭도 있었습니다. 왜 온도가 이렇게나 차이가 날까? 너무 신기했습니다. 그때 문득 어릴 때 아버지가 웃통을 벗고 퇴비를 뒤집던 모습이 떠올랐습니다. 퇴비를 뒤집으면 따뜻한 김이 올라오던 그 장면이요. 그 따뜻한 김은 짚단을 분해하는 세균이 발생키기는 열입니다. 그러고 보니 산의 흙도 마찬가지였습니다. 결국 산의 흙이란 낙엽이나 마른 풀잎 등의 유기물이 거기에 사는 다양한 미생물의 활동으로 분해되면서 완성되는 것이니까요.

산의 흙이 따뜻한 것은 미생물의 활동 때문입니다. 흙 속에서 많은 미생물들이 활발하게 활동하고 있으니까 따뜻한 것이지요. 그렇다면 밭의 흙의 온도가 낮은 것은 반대로 미생물의 활동이 활발하지 않기 때문인 것이 틀림없습니다. 그때는 어디까지나 그렇지 않을까 하고 조심스레 상상한 것뿐이었습니다만, 그 후에 도서관에 틀어박혀 책을 조사하거나 스기야마 선생님 같은 분에게 이야기를 들어보면서 저의 상상이 맞았다는 확신이 들기 시작했습니다.

인간의 배 속에 방대한 양의 위내세균이 살고 있거나 식물 속에 세균이 생식하고 있는 것처럼 흙 속에도 많은 미생물이 존재하고 움직이고 있는 것입니다. 이러한 사실은 흙 그 자체가 인간이나 사과나무처럼 살아있는 것은 아니지만, 역시 일종의 생명활동을 하고 있다는 것을 증명해줍니다. 그런 의미에서 보면 흙도 살아있다고 생각해도 무방할 것 같습니다. 또 그렇게 생각한다면 흙의 온도를 재는 것은 바로 흙의 생명을 확인하는 작업이라고 볼 수도 있지 않을까요?

흙의 온도를 측정합니다.

## 9

**산민들레는 왜
밭의 민들레보다 큰가요?**

저는 사과밭 김매기를 거의 하지 않습니다. 요즘에는 살짝 잡초를 뽑아주는 일도 있습니다만, 처음에는 김매기 같은 건 전혀 하지 않았습니다. 잡초는 자라는 대로 그대로 둡니다. 그것이 저의 독특한 재배방식입니다. 왜 그런 짓을 하냐고요?

흙을 조사하기 위해 매일같이 밭과 산을 왕복하다 보니, 한 가지 신경 쓰이는 일이 생겼습니다. 산민들레 크기가 우리 밭의 민들레보다 훨씬 더 크다는 사실이었습니다. 생각나는 게 있어서 좀 불쌍하긴 하지만 그 뿌리를 뽑아서 비교해보았지요. 그랬더니 산민들레의 뿌리는 굵고, 길며, 잔뿌리도 아주 풍성하게 자라 있었습니다. 그것에 비하면 밭에서 자라는 민들레 뿌리는 불쌍할 정도로 빈약하더군요.

그 당시만 해도 아직 밭에 닭똥으로 만든 퇴비를 듬뿍 주고 있을 때였습니다. 약한 사과나무에 뭔가 양분을 주고 싶었기 때문입니다. 그런데 비료를 듬뿍 준 밭의 민들레는 빈약하고, 아무리 둘러봐도 아무도 비료 같은 것을 줄 리가 없는 깊은 산속의 산민들레는 그렇게 멋지고 크게 자라고 있었던 것입니다. 그때 처음으로 이런 생각을 하게 됐습니다. '어쩌면 비료를 주지 않는 게 더 나을지도 몰라.'

비료를 주는 것보다 밭의 흙에서 미생물이 활발하게 활동하도록 만들어야만 했습니다. 하지만 대체 어떻게? 그 해답도 흙만이 답이라고 직감했던 그날 밤에 찾았습니다.

그것은 잡초입니다. 깊은 산속에는 풀이 자신이 자라고 싶은 만큼 마음껏 자라고 있었습니다. 당시에 저는 저의 밭을 마치 짧게 깎은 고교 야구선수의 까까머리처럼 항상 깨끗하게 깎아서 손질해 놓고 있었습니다. 풀이란 것은 밭에서 자라는 작물의 경쟁자라고만 생각했기 때문입니다. 하지만 풀은 경쟁자일 뿐만 아니라 함께 싸우면서 크는 동료이기도 하다는 것을 깨달았어야 했습니다.

이런 식으로 저는 새로운 재배방침을 정해 나갔습니다. '비료를 주지 않는다. 풀도 베지 않는다.' 생각해보면 이런 것들은 모두 무농약 재배를 시험해보게 된 계기가 된, 후쿠오카 마사노부 씨의 책에도 쓰여 있는 말들입니다. 자연농법의 창시자인 후쿠오카 씨에 대한 것은 뒤쪽에서 좀 더 자세히 이야기하도록 하지요.

여기까지 이야기를 들으신 분들은 그렇다면 왜 처음부터 이렇게 하지 않은 거냐며 고개를 갸우뚱하며 의심스러운 표정을 지을지도 모르겠습니다. 당연한 의문입니다. 하지만 이것만은 제가 스스로 경험해보지 않고는 이해할 수 없었던, 그런 종류의 일이었던 것 같습니다.

그때 저에게는 풀을 베지 않는다거나, 비료를 주지 않는다는 것은, 모든 것을 포기하고 시퍼런 바다밖에 보이지

않는 절벽에서 뛰어내리는 것이나 같은 일이었습니다. 그런 이야기들이 후쿠오카 씨의 책에 쓰여 있다는 것은 알고 있었습니다만, 그것을 저의 사과밭에 적용시킬 수 있으리라는 생각은 해본 적이 없었습니다. 지금 생각하면 당시에 처음으로 후쿠오카 씨의 책 내용 중에서 제가 확실하게 받아들일 수 있었던 것은 농약을 치지 않아도 작물을 키울 수 있다는 메시지뿐이었습니다.

농업에 관한 기존 상식이 몸과 마음에 완전히 배어있었기 때문에 그 어떤 것들도 간단하게 저의 몸과 마음에 침투하지 못했던 것입니다. 절벽으로 내몰리고 정말 죽을 각오까지 하고 나서 겨우 그 답이 보이기 시작했을 때, 산민들레와 밭민들레의 차이를 발견할 수 있었습니다. 그 지점에 이르고서야 겨우 드디어 눈을 뜨게 된 것입니다.

'내일부터 나의 밭에도 풀이 자라게 해야겠다. 비료를 주는 것은 이제 그만두어야겠다.' 그렇게 결심했습니다. '그렇게 하면 분명히 우리 밭의 민들레도, 이 산민들레처럼 크게 자랄 게 틀림없어. 그렇게 하면 분명히!' "이 밭의 민들레가 산민들레와 다르지 않을 정도로 크게 자라게 된다면, 분명히 사과나무도 꽃을 피울 수 있을 거야." 이렇게 아내에게 말했던 것이 기억납니다. 하지만 그때 아내가 어떤 대답을 했는지는 잊어버려서 기억이 나질 않네요.

( 10 )

## 산의 흙이 좋다면
## 왜 그 흙으로 재배하지 않나요?

여기까지 책을 읽으신 분은 '그렇다면 산의 흙으로 작물을 키우면 될 거 아닌가' 하고 생각할 지도 모르겠습니다. 저도 그렇게 생각했습니다. 하지만 실제로 시험해보니 생각처럼 잘 되지 않았습니다.

일단 제일 먼저 산의 흙을 사용해 벼 모종을 만들어봤습니다. 그런데 모종의 발육이 보통 흙의 모종보다 좋지 않았습니다. 그래도 그 작은 모종을 사용하여 간신히 모내기까지는 했습니다.

그러고 나서 그 모종에서 자란 벼에서 이삭을 채취하여, 그 다음 해에 다시 똑같이 산의 흙으로 벼 모종을 만들어 벼를 키워봤습니다. 이번에는 보통 흙과 비슷하게 성장했습니다. 저는 어쩌면 이제야 비로소 벼가 산의 흙을 기억한 것인지도 모른다며 기뻐했지만, 설령 그렇다고 해도 별 의미를 찾을 수는 없었습니다. 2년 동안이나 산에서 흙을 열심히 옮겨왔는데도 보통 밭의 흙과 생육이 똑같아서는 일부러 산의 흙을 사용할 이유가 없으니까요.

산의 흙으로 사과 묘목을 키워본 적도 있습니다. 이때는 흙을 옮기지 않고, 햇빛이 잘 드는 산속의 한 장소에 사과 묘목을 심고 거기서 실제로 사과를 키워봤습니다. 물론 흙은 폭신폭신합니다. 하지만 이것도 잘 되지 않았습니다. 사과 모종은 잘 자라지 않았고, 결국 다른 풀과 나무들과의 경쟁에서 패배하여 말라죽고 말았습니다.

물론 산속도 산속 나름입니다. 여러 가지 다양한 장소가 있겠지요. 천천히 시간을 들여 찾아본다면 어쩌면 사과

묘목이 잘 자라는 장소를 찾을 수 있을지도 모릅니다. 사실 이와키산 중턱에 위치한 저의 사과밭만 해도 그런 장소를 개간해서 만든 것이니까요. 이 실험으로 알게 된 것은 산의 흙이라고 해서 뭐든 다 좋은 건 아니라는 것입니다. 사과 묘목이 말라죽은 것은 이 산속의 흙이 제가 심은 사과 묘목을 받아들이지 못했다는 의미인 것이지요.

산의 흙 속에는 엄청난 양의 미생물이 살고 있습니다. 하지만 그것은 비료를 듬뿍 준, 소위 '영양분을 듬뿍 주입한' 흙과는 다릅니다. 농업 교과서에 나오는 비료의 3요소, 즉 질소, 인산, 칼륨의 양을 실제로 조사해보니, 산의 흙에 반드시 이 모든 영양분이 다 포함된 것은 아니었습니다. 지금 저의 밭도 질소량은 보통 밭보다 훨씬 많고 인산은 부족합니다.

만일 비료의 양이 많이 포함되어 있다는 의미로 비옥하다는 단어를 사용한다면, 산의 흙이나 저의 밭의 흙은 그만큼 비옥하지 않다는 의미가 됩니다. 그럼에도 불구하고 산의 흙은 많은 나무들을 튼튼하게 키우고 있습니다. 그리고 저의 밭의 사과나무도 매년 놀라울 정도로 많은 열매를 맺고 있습니다. 이건 대체 어떤 이유에서일까요?

# 11

## 비료는 식물의 성장에
## 꼭 필요한가요?

저는 초등학교 시절 과학시간에 식물이 성장하기 위해서는 빛과 비료가 필요하다고 배웠습니다. 지금은 어떻게 가르치고 있는지 잘 모르겠습니다만, 이 표현은 어딘가 살짝 이상합니다. 사람이 재배하는 작물이라면 몰라도 식물의 성장에 대한 이야기라서 그렇습니다.

말이 나온 김에 물어보지요. 대체 비료라는 게 뭘까요? 이와나미 일본어 사전에는 다음과 같이 나와 있습니다. "토지를 비옥하게 하고 식물의 생장을 촉진시키기 위해 토지에 주입하는 물질." 누가 주입하는 것인지 주어가 생략되어 있지만, 그 주어는 당연히 인간이겠지요. 결국 비료라는 것은 식물의 성장을 돕기 위해, 인간이 흙과 식물에게 제공하는 물질인 셈입니다.

하지만 생각해보십시오. 사람이 키우는 식물이 아닌, 야생 상태에서 성장하는 식물은 애초에 비료와는 아무런 관계가 없습니다. 왜냐면 자연 상태의 식물은 인간이 비료라는 것을 발명하기 몇 억 년도 더 옛날부터 계속해서 스스로 자라왔으니까요.

그럼에도 불구하고 아이들은 초등학교에서 식물의 성장에는 비료가 필요하다고 배우고, 중학생이 되면 그 비료라는 것이 바로 질소나 인산, 칼륨 같은 것들을 지칭한다는 것까지 배웁니다. 물론 식물이 성장하기 위해 필요한 물질은 그 외에도 몇 종류 더 있습니다만, 그 중에서 식물이 이 물질을 사용하는 양이 많고 해서 이 세 물질을 비료의 3요소라 부르게 되었다고 친절하게 설명까지 덧

붙이면서 말이죠. 더불어 질소, 인산, 칼륨, 이 3요소 중 어느 것 하나라도 부족하게 되면 식물이 제대로 성장할 수 없다고도 배웁니다.

저도 오랫동안 그렇게 믿고 있었습니다. 그렇기 때문에 농약 살포를 그만둔 다음에도 밭에 퇴비를 주는 일만은 계속 했던 겁니다. 질소, 인산, 칼륨 등을 포함한 비료를 뿌리지 않으면 작물은 자랄 수 없다는 생각이 항상 머릿속에 확실하게 자리 잡고 있었으니까요. 자연의 초목은 비료 따위는 단 한 줌도 주지 않아도 저렇게 건강하고 무성하게 자라는 데 말입니다. 어릴 때 그 초목 사이에서 매일같이 뛰어놀았는데도 불구하고 말입니다. 지금은 이런 사실을 어릴 때부터 정말 단 한 번도 신기하게 생각해본 적이 없었다는 사실이 오히려 정말 놀랍다는 생각을 하고 있습니다.

## 생명을 품고 기르는
## 어머니, 흙

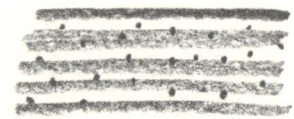

흙은 인간의 먹이를 생산하는 모체입니다. 흙에는 박테리아나 균류 같은 무수한 미생물이 존재하여 인간의 생명을 유지시켜줍니다. '초록'을 자식으로 둔 어머니인 흙의 힘은 실로 어마어마합니다.

저는 흙의 풍요로움은 비료에서 기인하는 게 아니라, 흙에서 활동하고 있는 미생물과 식물과의 관계에서 결정되는 게 아닐까, 하는 생각을 갖고 있습니다. 그렇게 생각하면 저의 밭의 사과나무는 건강하게 자라는데 왜 산에 심은 사과는 말라죽었는지에 대한 이유를 설명할 수 있습니다. 산의 흙에서 만든 모종판에서 모종이 제대로 자라지 못한 이유도 마찬가지입니다.

저는 식물에게 있어서 흙 속 미생물이란 우리 인간으로 치면 위내세균이나 장내세균과 같은 것이라고 이해하고 있습니다. 위내세균은 몇 백 종류나 되지만 어떤 세균이 얼마나 있는지는 사람마다 전혀 다릅니다. 똑같은 인간이라도 각각 천차만별일 테니까요.

실제로 해조 섬유질을 소화할 수 있는 위내세균이 있는데, 일본인 대부분은 그 위내세균을 가지고 있는데 반해 서양인들은 그 세균을 거의 갖고 있지 않다는 말을 들은 적이 있습니다. 또 비만이 되기 쉬운 체질인 사람은 어떤 종류의 장내세균이 현저하게 적다는 것도 최근 연구에서 밝혀졌다고 합니다.

같은 인간이라도 이러한 상황인데, 예를 들어 인간의 장내세균과 다른 동물의 장내세균을 어느 날 갑자기 통째로 확 바꿔서 넣어버린다면 대체 어떤 일이 일어날지 상상해보세요. 코알라가 가장 좋아하는 유칼립투스 잎은 독성이 있어서 보통의 동물들은 먹을 수가 없습니다. 하지만 코알라는 유칼립투스 잎을 장내세균의 힘으로 발효시켜 독을 분해하고 소화시킵니다.

만일 코알라와 인간의 장내세균을 바꿔 넣는다면 분명히 코알라는 죽어버릴 겁니다. 그럼 인간은 다를까요? 인간도 마찬가지겠지요. 설령 유칼립투스 잎을 소화시킬 수 있다고 해도 그것밖에 먹을 수 있는 게 없다면 인간은 분명히 제대로 살아갈 수 없을 테니까요.

나중에 생각해보니 제가 산에 사과 묘목을 심은 것은 아마 위의 행동과 비슷한 종류의 행동이 아니었나 싶습니다. 불쌍한 사과나무한테 몹쓸 짓을 한 셈입니다. 하지만 이 실험으로 알게 된 사실이 하나 있습니다. 어떤 식물이 땅으로부터 그곳에 살아도 된다는 허락을 받으려면 반드시 흙 속 미생물과 사이좋게 공생할 수 있어야 한다는 것입니다. 그리고 일단 그 토지가 받아들여주기만 하면 흙 속의 박테리아는 식물이 살아가는데 꼭 필요한 중요한 영양분을 나눠주기까지 한다는 사실도 알게 됐지요.

저는 흙 속 세균이 흙이 갖고 있지 못한 영양을 보충해주고 식물의 성장을 돕는 활동을 하고 있다고 생각합니다. 그러면 식물은 그 답례로 광합성으로 만든 탄수화물을 흙 속 세균에게 제공해주지요.

콩류의 뿌리에 붙어서 사는 균근균菌根菌은 공기 중의 질소를 식물이 이용하기 쉬운 형태로 바꿔서 부지런히 모아 두는 걸로 유명합니다. 흙 속에서 인산을 모아 식물에게 보내는 균근균도 있습니다. 수지상균근균樹枝狀菌根菌이라 불리는 균인데, 이것은 거의 모든 육상식물의 뿌리에 공생할 수 있다고 합니다. 인산분이 적은 저의 밭에서 사과가 건강하게 자라는 것도 어쩌면 이 균근균의 활동 때문이 아닐까, 저는 그렇게 추측하고 있습니다. 수지상균근균은 더 나아가 식물이 건조한 상황을 잘 견딜 수 있도록 돕기도 하고, 병에 잘 걸리지 않도록 만들어주는 작용도 한다고 합니다.

저는 이런 토양세균의 존재를 무시하고 단순히 토양을 분석하여 이 토지는 질소분이 많다거나, 인산분이 적다거나, 이런 식으로 말하는 것은 별 의미가 없다고 주장하고 싶습니다. 흙은 살아 있습니다. 그런 흙이 가진 힘은 그 속에 포함되어 있는 양분을 분석하는 것만으로는 절대로 이해할 수 없습니다. 흙은 훨씬 더 대단한 무엇인가를 지니고 있습니다.
그런 식으로 흙을 분석하는 것은 마치 건강검진을 할 때 우리 몸을 이리저리 쑤시고 괴롭혀 어떤 양분을 포함하고 있는가를 측정하는 것과 마찬가지라고 생각합니다. 저의 말이 너무 지나친 걸까요?

## 13

**김매기를 하지 않으면
밭의 풀은 어떻게 변하나요?**

김매기를 전혀 하지 않은 저의 사과밭은 정말 눈 깜짝할 사이에 아예 정글이 되어버렸습니다. 한때는 풀이 어깨 높이까지 자라서 밭을 가로질러 가는 것조차 힘들 정도였습니다.

이 이야기를 들었던 사람들은 굉장히 강한 인상을 받은 모양입니다. 최근에도 저의 밭을 보러 온 분들 중에 의외라는 표정을 짓는 분들이 많았습니다. 거의 실망한 표정으로 돌아가는 분들도 있습니다. 정글을 기대하고 왔는데 상상한 것만큼은 아니기 때문이죠.

계절에 따라 다소 차이는 있습니다만 현재 저의 밭은 예전처럼 잡초가 무성하게 자라있지는 않습니다. 지금은 1년에 2번이나 3번 정도 김매기를 하기 때문이기도 하지만, 그것보다 이제는 밭에서 자라는 풀의 모습이 사과 꽃이 처음으로 피었을 때와는 완전히 다른 양상을 보이고 있기 때문입니다.

특히 김매기를 그만둔 직후에는 매년 극적이라고 말해도 좋을 정도로 커다란 변화가 계속 되었습니다. 작년에 자랐던 풀과 올해 자라는 풀의 종류가 전혀 달라지는 일이 해마다 몇 년이나 지속되었으니까요. 적어도 7번, 풀들의 모습이 크게 바뀌었습니다.

지금도 조금씩 밭에서 자라는 풀의 모습은 계속해서 변하고 있습니다만, 그때처럼 드라마틱한 변화는 없습니다. 당시에 무려 어깨 높이 정도까지 자라던 풀도 어딘가로 사라지고 말았습니다. 물론 다른 보통 밭의 풀과 비교하면 여전히 저의 밭에서 나는 풀의 종류와 양은 많은 편이지만 이제 정글은 아닙니다. 풀들이 이만큼이나 변했는데 흙 속 세균의 양상은 또 얼마나 더 크게 변했을까요. 이런 것들을 생각하면 저는 지금도 가슴이 설렙니다.

## 14

**밭에 콩을 심는 이유**

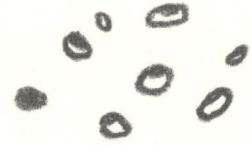

김매기를 그만둔 다음, 처음 5년 동안은 사과밭에 콩을 심었습니다. 오래되고 저렴한 콩을 대량으로 사들여서 밭 전체에 뿌렸습니다. 잡초를 대체하기 위한 것이기도 했고, 또 콩의 뿌리에 붙어있는 뿌리혹박테리아가 흙에 양분을 공급해주는 효과를 노린 것이기도 했습니다.

하지만 매년 콩을 뿌렸더니, 어느새 그 콩을 노리고 어디선가 수많은 비둘기가 밭으로 몰려들기 시작했습니다. 콩을 뿌리고 또 뿌려도 비둘기가 다 먹어버려서, 한때는 내가 대체 밭에 콩을 뿌리고 있는 건지, 비둘기에게 모이를 주고 있는 건지 헷갈릴 정도였습니다.

그래도 저는 계속해서 매년 콩을 부지런히 뿌렸습니다. 약해진 사과나무가 조금씩 건강을 찾기 시작했기 때문입니다. 사과가 건강을 되찾으면서 반대로 콩의 뿌리에 붙어있던 뿌리혹박테리아가 줄기 시작했습니다. 5년이 되던 해, 콩의 뿌리를 잡아당겨 뽑아보니, 뿌리혹이 거의 붙어있지 않았습니다.

그때의 경험으로 인해, 저는 자연재배를 할 때마다 밭에 콩을 심고 있습니다. 식물이 필요로 하는 질소를 보급하기 위해서입니다. 사실 질소 그 자체는 공기 중에 충분히 포함되어 있지만, 보통 식물은 공기 중 질소를 그대로 이용할 수 없습니다. 그런데 콩의 뿌리에 공생하는 뿌리혹박테리아는 그 대기 중의 질소를 식물이 이용하기 쉬운 화합물로 변환시킬 수 있습니다. 이런 성질을 이용하여 토양에 식물이 사용할 수 있는 질소분을 공급하는 것

입니다.

콩을 심는 것은 관행농법에서 자연재배로 이행한 직후 처음 몇 년 동안만 시행해주면 됩니다. 저의 경우에는 처음 5년 동안 시행했습니다. 5년째 되던 해에 뿌린 콩의 뿌리를 보니, 뿌리혹박테리아가 붙을 뿌리혹이 거의 없었습니다. 저는 그것을 질소가 이미 흙 속으로 다 이동했다는 신호로 해석하고, 그 이후로는 콩을 뿌리는 작업을 그만뒀습니다.

이전에도 쓴 적이 있지만, 저는 흙 속 세균이 흙 속에 부족한 물질들을 보충해주는 작용을 할 거라고 생각하고 있습니다. 흙의 환경이 정리되면 콩의 뿌리혹박테리아에 의지하지 않아도 원래부터 거기에 있는 방선균 등의 작용으로 인해, 필요한 질소가 제대로 공급되도록 움직일 거라는 이야기지요.

자연의 생태계는 그런 식으로 유지되는 게 아닐까요? 흙에 그런 움직임이 있으니까, 자연 상태의 야산에 있는 초목이 한 줌의 비료도 주지 않았는데도 건강하게 자라는 것이 아닐까요? 식물은 분명히 인간이 이 지구 상에 등장하기 훨씬 전부터, 그런 식으로 미생물과 공생하면서 번영해왔을 테니까요.

그런 의미에서 보면 자연재배로 이행하면서 콩을 뿌리는 행위는 인간이 비료나 농약으로 파괴해버린 흙 속의 환경을 정상으로 되돌리기 위해 긴급처치를 하는 것이나 마찬가지입니다. 때문에 일단 흙 속 미생물들이 정상적으로 움직이기 시작하면 더 이상 콩을 뿌릴 필요가 없는 것입니다.

저도 처음 5년 동안만 콩을 뿌렸습니다. 그때부터 20년 가까이 시간이 흘렀지만, 그 후에는 다시 콩을 뿌리지 않았습니다. 사실 요즘에는 전국을 다니며 자연재배에 대한 지도를 하고 있는데, 콩을 뿌리는 기간을 5년이 아니라 3년으로 할 것을 권하고 있습니다. 바꿔 말하면 3년만 지나면 더 이상 콩을 뿌릴 필요가 없다는 것이지요. 밭에서 3년 동안만 콩을 키워도 그 흙에는 작물들이 건강하게 자라는 데에 충분할 만큼의 질소가 공급된다는 사실을 알게 됐기 때문입니다.

이것이 자연의 놀라운 점입니다. 흙 속에 질소의 분량이 적으면 질소를 보충하고, 충분해지면 그 행동을 멈춥니다. 자연은 쓸데없는 짓은 절대 하지 않습니다. 앞에서 이미 언급했지만, 저는 그 후에 단 한 번도 다시 콩을 뿌린 적이 없습니다. 그걸로 충분하니까요.

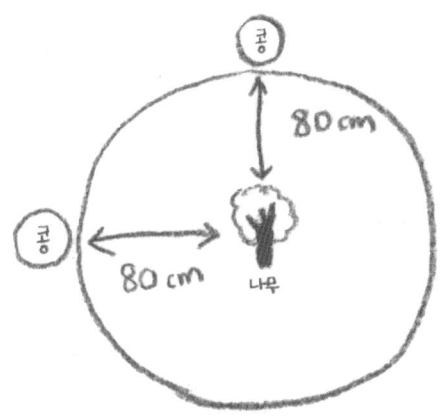

처음 3~5년 동안은
이런 식으로 콩을 심습니다.

밭에 아무것도 주지 않았는데도 저의 과수원 흙에 포함된 질소량은 비료를 주는 보통 밭과 거의 같습니다. 사실 기존 농학의 관점으로 본다면, 저의 사과밭은 매년 사과를 수확하고 있으니 그만큼 흙이 질소를 사용할 테고 그것을 보충해주지 않는 한 해마다 질소량이 줄어드는 게 맞습니다.

하지만 질소량은 줄지 않습니다. 매년 제대로 사과가 열리고 있는 게 그 증거입니다. 만약을 위해 흙의 성분을 조사해 봐도 질소는 모자라지 않습니다. 왜 질소가 항상 충분한 걸까요? 그것은 흙 속에서 박테리아가 활동하기 때문입니다.

질소가 모자라게 되면 질소고정(대기 중의 유리질소를 생물체가 생리적으로 또는 화학적으로 이용할 수 있는 상태의 질소화합물로 바꾸는 일)을 행하는 세균이 우세하게 되고, 인산이 부족해지면 흙 속에서 인산을 모아오는 수지상균근균이 활동하게 되는 것이지요. 저는 흙에는 이런 활동이 활발하게 이루어지게 하는 시스템이 이미 갖추어져 있다고 믿고 있습니다.

눈에 보이지 않는
흙 밑의 세상을 보는 방법

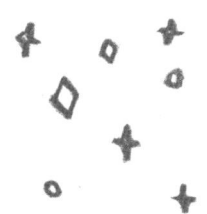

온도계를 항상 가지고 다니며 다양한 장소에서 흙을 파내어 온도를 측정하면서 알게 된 것이 있습니다. 모두 다 뭉뚱그려 '흙'이라는 간단한 말로 표현하고 있지만, 사실 흙은 장소에 따라 성질이 굉장히 다르다는 것입니다. 흙마다 그 흙에 포함된 수분의 양도 굉장히 다르고, 일조량도 다르고, 딱딱한 흙이 있는가 하면 부드러운 흙도 있습니다. 겉으로 확인할 수 있는 성질만 봐도 이 정도인데, 하물며 인간의 눈에 보이지 않는 성질의 차이는 더 어마어마하겠지요. 이런 것들을 하나하나 깨닫게 되었답니다. 그렇다면 눈에 보이지 않는 어마어마한 차이란 무엇일까? 대체 뭐가 다른 걸까? 그것은 그 흙 속에 살아있는 박테리아를 비롯한 미생물의 차이입니다. 이런 이야기를 하고 있으니 '눈에 보이지 않는 생물의 차이가 어째서 당신 눈에는 보이는가' 하는 질문을 하는 분이 계실 지도 모르겠습니다.

물론 보는 방법이 따로 있습니다. 흙을 파서 온도를 재는 것도 그 방법 중 하나입니다. 하지만 좀 더 간단하고 명료하게 흙 속 미생물의 모습을 보여주는 것이 있습니다. 그것은 풀입니다. 혹시 풀이 자라고 있는 장소에 가게 된다면 잠시 한곳에 멈춰 서서, 어디에 어떤 풀이 자라고 있는지 관찰해보세요. 장소마다 각각 다른 풀이 자라고 있는 것을 발견할 수 있을 겁니다.

어째서 어떤 특정한 풀이 어떤 특정한 장소에서 자라고 있는 것일까요? 우연히 누군가가 그곳에 씨를 떨어뜨렸기 때문에? 어쩌면 그럴 수도 있겠지요. 하지만 좀 더 잘 살펴보세요. 비슷한 조건의 장소에서 비슷한 풀이 자라고 있다는 것이 보이나요? 예를 들어 물이 흐르는 U자형 도랑 옆에는 잎이 좁은, 벼에 가까운 동료 잡초들이 잔뜩 자랍니다. 습기를 좋아하는 풀들이지요. 항상 건조한 상태로 있는 운동장에는 또 다른 종류의 잡초가 자랍니다. 각각의 풀들은 저마다 뚜렷한 기호를 지니고 있어서 호불호가 명확히 갈립니다. 그리고 물론 흙 속 미생물도 호불호가 있습니다. 습기가 많은 장소를 좋아하는 박테리아가 있는가 하면 건조한 토지에서 자신의 세력을 발휘하는 박테리아도 있기 마련입니다. 그리고 이런 미생물과 식물들은 어떤 때에는 서로 협력하고, 또 어떤 때에는 서로 경쟁하면서 살아갑니다. 이것을 공생관계라고 부르지요.

따라서 그곳에서 자라고 있는 풀들의 차이는 그곳에서 서식하고 있는 흙 속 세균의 차이이기도 한 것입니다. 풀은 자신의 존재 자체로 우리 눈에는 보이지 않는 흙 속 세균의 모습을 우리에게 알려주고 있습니다.

## 16

**흙의 성격을
파악한다는 것**

'흙'만큼 다양한 모습을 지닌 것도 많지 않습니다. '흙'이라는 한 단어로 규정하기 미안할 정도지요. 극단적으로 말하면 흙은 존재하는 장소에 따라 전혀 다른 별개의 물질입니다. 현대 과학의 문제는 기본적으로 그 차이를 생각하지 않는다는 점에 있습니다. 저는 그 과학이 바로 '농업'이라고 생각합니다.

흙이라고 말하는 순간, 그것은 '모두 다 같은 흙'이라는 의미로 이해되고 맙니다. 그러니까 이곳의 흙에는 어떤 성질이 있고 어떤 미생물이 많고, 이런 것들을 전혀 파악하지도 않은 채 그냥 아무 씨나 막 뿌리는 거지요.

그런데도 농사를 지을 수 있었던 것은, 화학비료와 농약이 있었기 때문입니다. 물이 잘 빠지지 않는 장소에서는 습기를 좋아하는 잡초가 자랍니다. 당연히 거기에 서식하고 있는 흙 속 세균은 마른 땅의 흙 속에서 자라는 흙 속 세균과는 전혀 다른 종류입니다. 예를 들어 그런 장소에 건조한 환경을 좋아하는 채소를 심는다면 생육이 좋을 리가 없습니다. 병도 잘 걸릴 게 틀림없습니다. 때문에 농약이나 비료를 주지 않고는 잘 키울 방법이 없습니다.

흙의 개성을 잘 파악하여 그 토지에 잘 맞는 작물을 심는다면 적어도 농약이나 비료 사용량을 지금보다 훨씬 더 줄일 수 있습니다. 농약이나 비료의 사용량을 줄이면 환경에 대한 부담도 훨씬 줄어들 것이고 지금보다 지출도 훨씬 더 줄어들 겁니다.

흙의 성격은 장소에 따라 전부 다릅니다. 저는 그 차이를 파악하는 것이 현명한 농업의 출발점이라고 생각합니다. 사실 이런 것들은 우리 조상님들에게는 당연한 일이었을 것입니다. 어디에 어떤 작물을 심느냐에 따라 수확이 크게 차이가 났을 테니까요.

하지만 농약이나 화학비료가 널리 사용되면서, 그런 것들을 생각할 필요가 없어졌습니다. 저는 기나긴 세월동안 맺어온 농부와 흙의 끈끈한 연대감에 금이 가기 시작한 건, 바로 농약이나 화학비료가 등장한 이후라고 굳게 믿고 있습니다.

# 17

## 벌레의 마음을
## 읽는 방법

앞에서 그렇게 신랄하게 비판했지만 그렇다고 해서 농약이나 비료를 부정할 생각은 없습니다. 농가에서 태어난 사람으로, 우리 부모님들이 이 농약이나 화학비료에 얼마나 큰 도움을 받았는지 아주 잘 알고 있기 때문입니다.

제가 초등학교에 다닐 때에는 일본 인구의 약 30%가 농사를 지었습니다. 그런데 지금은 2%까지 확 줄어버렸습니다. 사람의 생명을 이어주는 식량을 생산하는 일을 고작 2%의 인구가 모두 부담하고 있다는 이야기입니다. 98%는 그저 먹을 뿐입니다.

게다가 현재 농업인구 중 60% 이상은 65세 이상입니다. 그런데 참 희한합니다. 농업에 종사하는 인간이 이렇게나 줄고, 설상가상으로 고령화까지 엄청나게 진행됐는데, 그럼에도 불구하고 우리는 항상 국산 쌀을 먹고 국산 채소나 고기를 구입할 수 있습니다. 일본 전국 어느 슈퍼마켓을 가봐도 일본에서 생산한 신선한 농작물이 산더미처럼 쌓여있습니다. 이게 어찌된 일일까요? 어떻게 이런 일이 가능할까요?

답은 다 아실 테지요. 이 모든 것은 다 농약이나 화학비료, 농업기계의 진보가 있었기 때문에 가능한 일입니다. 옛날에는 모내기를 한다고 하면 이웃주민들은 물론, 상황에 따라서는 멀리 사는 친척들까지 모두 총동원되어 농사일을 도왔습니다. 때문에 모내기철은 항상 축제처럼 북적거렸지요. 하지만 지금은 광활한 면적을 노인 부부 단 두 명이 경작합니다. 논 김매기는 요즘 젊은이들은 상상할 수도 없을 만큼 중노동이었지만, 제초제가 나오면서 그런 수고를 할 필요가 없어졌습니다. 아니, 마치 마술처럼 아예 그 노동 자체를 없애버렸습니다. 그것만으로도 대단한데, 그 외에 또 농약이나 화학비료까지 더하고 있으니, 효과나 효율 면으로만 생각하면 농약이나 화학비료에게 아무리 감사 표현을 많이 해도 모자랄 정도입니다.

예전에는 다른 누구도 아닌 저 자신부터 정말 표창장을 받아도 부족하지 않을 만큼 많은 양의 농약과 화학비료를 사용했습니다. 만일 그때 누군가 저의 그런 농사법을 보고 농약이랑 비료 사용을 그만두라고 명령했다면, 저는 분명히 불같이 화를 냈을 겁니다.

비단 농업에 국한된 일이 아닙니다. 일이란 것은 철저히 자신의 신념과 책임 하에 해야 합니다. 타인에게 등 떠밀려 마지못해 하는 일이 제대로 될 리가 없습니다. 무슨 일이든 마찬가지입니다. 하물며 제가 지금 다른 사람들에게 권하고 있는 자연재배는 어중간한 기분으로, 즉 확고한 신념 없이 시작할 수 있는 일이 아닙니다. 다른 식으로 설명하자면 제가 주창하는 자연재배는 자연에 모든 것을 맡기고 인간은 아무것도 하지 않는 농업과는 조금 다릅니다.

농약이나 비료를 사용하지 않는 만큼, 인간이 해야 할 일은 오히려 더 늘어납니다. 제가 항상 하는 말이지만 이 재배법에서는 자신의 눈과 손이 농약과 비료를 대신합니다. 농약도 살충제도 사용하지 않으니, 벌레가 대량 발생한다면 자신의 손으로 잡는 수밖에 없습니다. 저희 가족은 몇 년 동안이나 그야말로 사과나무 가지가 무거워질 정도로 날아온 엄청난 양의 벌레를 상대로 몇 년을 하루같이 쉼 없이 벌레를 잡았습니다.

그 대신 몇 년 동안 이런 일을 계속 한 덕분에, 저는 벌레의 마음을 읽을 수 있게 되었습니다. 마음을 알게 되었다고 말하면, 좀 오해의 소지가 있을 지도 모르겠네요. 간단히 예를 들면 '이런 날씨라면 언제쯤 어디에 어떤 알을 낳겠구나' 뭐 이런 것들을 상당히 세밀하게 알 수 있게 되었다는 뜻입니다. 덕분에 시간이 지나면서 벌레 잡는 작업에 드는 시간이 줄었습니다. 농약에 비유하자면, 나 자신이 보다 고성능의 농약으로 진화한 셈이지요.

하지만 그렇게 되기까지 아무리 스스로 시작한 일이지만 이 책에 다 쓸 수 없을 정도로 많은 고생을 되풀이해야 했습니다. 그러니까 그야말로 스스로 시작한 일이기 때문에 가능했던 일입니다. 마음속 깊은 곳에서부터 하고 싶다는 마음이 솟아나지 않는다면, 비록 절대로 불가능한 일이 아니더라도 결코 성공할 리가 없습니다. 이것은 각오가 필요한 농업이기 때문입니다.

사과 무농약 재배에 성공하기까지 약 10년 동안, 저희 가족은 거의 수입이 없는 생활을 계속해야 했습니다. 지금도 많이 다르지 않습니다. 계속 농약이나 비료를 사용해 왔던 사과밭에서 무농약 사과라는 결실을 맺으려면 적어도 7년이라는 시간이 필요하니까요. 그런 힘든 작업을 대체 어떻게 다른 사람들에게 권할 수 있을까요. 물론 스스로 하고 싶어 하는 의지가 있는 분이라면 얼마든지 그 방법을 가르쳐드릴 수 있습니다. 가능한 한 도움도 드릴 것이고요.

다만 사과의 경우, 정말로 그 일을 꼭 하고 싶은 건지, 재차 확인을 하고 있습니다. 7년이라는 시간 동안, 아무 수입 없이 견딜 수 있는지 말이죠. 경제적인 면이 제대로 뒷받침되지 못한다면, 이것만은 간단하게 '그래요? 한번 해봅시다' 이렇게 말할 수가 없습니다. 그 사람은 상관없다고 말할지도 모르지만, 저처럼 가족을 길바닥에서 헤매게 할 가능성도 완전히 배제할 수는 없으니까요.

## 과일 무농약 재배가 채소보다 어려운 이유

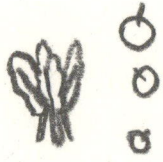

농약을 전혀 치지 않으면 많든 적든 병충해 피해가 발생합니다. 그런데 과일나무의 경우에는 올해 생긴 피해가 다음 해로 그대로 옮겨갈 가능성이 매우 높기 때문에, 과일 무농약 재배가 채소 무농약 재배보다 더 어렵습니다.

그 피해가 매년 축적되어 과일나무의 기력을 약화시켜 말라죽게 만드는 일도 흔하게 일어납니다.

나무가 말라죽으면 다시 심어야 하기 때문에, 그만큼 시간과 비용이 더 듭니다. 때문에 과일나무를 무농약으로 재배하려고 시도하는 경우에는 그런 것들을 충분히 시뮬레이션 해보고 나서 정말로 괜찮다는 확신이 들었을 때에 시작해야만 합니다.

정말로 경제적인 여유가 있는 경우라면 별개지만, 가진 것 모두를 한꺼번에 무농약재배에 쏟아붓는 것은 매우 위험합니다. 이것만은 정말로 강조하고 또 강조해도 지나치지 않습니다. 반드시 일부분으로 시작해서 잘 되면 조금씩 전체로 넓혀가는 방법을 택해야 합니다.

매우 갑작스럽게 거의 모든 밭에서 무농약재배를 시작해버린 당신이 그런 말을 하는 건 설득력이 없다고 소리치는 분들의 목소리가 여기저기서 들려오는 것만 같네요. 살짝 변명을 해보자면, 그래서 저는 지옥과도 같은 고통을 맛보았습니다. 그래서, 그렇기 때문에, 신중에 신중을 기해야 한다고 말씀드릴 수 있는 겁니다. 저는 어찌어찌 힘들게 성공했지만, 그래도 그렇게 되기까지 아내와 아이들, 그리고 부모님, 친척들에게 얼마나 많은 걱정을 끼치고 또 폐를 끼쳤는지를 생각하면, 정말로 그때 그렇게 했던 게 진정 옳았던 걸까 하는 자문을 지금도 하게 됩니다. 그리고 또 하나, 저의 경우에는 시행착오를 계속 반복할 수밖에 없었던 사정이 엄연히 존재했습니다. 당시에는 아무도 어떻게 하면 무농약으로 사과를 재배할 수 있는지 아는 사람이 없었습니다. 즉, 방법을 가르쳐주는 사람이 전혀 없었습니다. 거의 고립무원의 상황이라고 볼 수 있었죠. 그 상황에서는 시행착오를 거듭하는 것을 막기 위해서라도 가능한 한 많은 사과나무로 시험해봐야 했습니다.

하지만 지금은 다릅니다. 어떻게 하면 좋을지, 이제 어느 정도는 압니다. 우유나 마늘 부스러기로는 절대 병충해를 퇴치할 수 없다는 것도 압니다. 그러니까 무리를 해서 굳이 몇 년 동안이나 수입 없는 생활을 하면서 고생할 필요가 없는 것입니다.

사과뿐만 아니라 다른 과일도 마찬가지입니다. 지금까지 일본 각지의 과수농가 분들에게 많은 문의를 받았고, 여러 가지 다양한 과일의 자연재배에 관해 도움을 드렸습니다. 그 중에는 스스로 저의 밭에서 시험해본 것도 있고, 때로는 현지에 가서 어드바이스를 한 게 고작이었던 작물도 있습니다.

그럼 생각나는 대로 그 과일들의 이름을 나열해보겠습니다. 복숭아, 포도, 배, 슈가푸룬, 넥타린(복숭아 나무의 한 품종), 데코봉(한라봉), 귤, 감귤, 반베이유(유자과에 속하는 과일), 감, 애플망고, 망고, 올리브 등. 그밖에 더 있을지 모르겠습니다만 아무튼 제가 시험했던 것 중에 무농약재배가 불가능했던 과일은 없었습니다. 다만 바나나는 문의를 받았지만 거절했습니다. 왜냐하면 제가 아는 과일나무랑 너무나 성격이 다르다는 생각이 들어 잘 할 수 있을지 자신이 없었기 때문입니다.

어디까지나 제가 해본 경험의 범위 내에서 말씀드리는 것이지만 손으로 꼽을 수 있는 과일 중에서 일본에서 재배하기 가장 어려운 것은 역시 '사과'라는 것이 저의 결론입니다. 일단 무엇보다 기존 방식으로 재배하던 사과를 무농약 방식으로 바꾸면 첫 사과를 수확하기까지 지금도 7년이라는 놀라운 시간이 걸리기 때문입니다.

# 19

**그냥 자연에 맡겨버려서는
안 되는 농업**

'자연재배'라는 말은 제가 생각해낸 말입니다. 그런데 '자연'이라는 말 때문에, 인간은 아무것도 하지 않고 자연에게 모든 걸 맡겨서 작물을 재배하는 것이라고 상상하시는 분들이 많은 것 같습니다. 제가 깊게 영향을 받은 후쿠오카 마사노부 씨의 이론을 아시는 분은 특히 그렇게 생각하실 지도 모르겠습니다.

후쿠오카 씨는 작물을 키우기 위해 '무엇을 해야 하는가'가 아니라 '무엇을 하지 않아도 되는가'를 생각하는 독자적인 농법을 창시한 분입니다. 인위적인, 즉 인간의 행위를 가능한 한 배제한, 이른바 '자연농법'의 창시자 중 한 사람이지요.

제가 사과 무농약재배를 시작하게 된 것도 후쿠오카 씨의 저서를 읽은 것이 계기가 되었습니다. 후쿠오카 씨가 주장한 '무경작, 무비료, 무제초'라는 사고방식이 저의 재배법의 출발점이 된 것은 틀림없는 사실입니다. 그뿐만 아니라, 사과 재배가 잘 되지 않아서 자신감을 잃었을 때, 후쿠오카 씨의 책을 반복해서 읽으면서 얼마나 많은 용기를 얻었는지 모릅니다. 후쿠오카 씨의 존재가 없었다면, 저는 도저히 절망과 계속해서 싸워가면서 그 긴 10년이란 세월을 견뎌낼 힘을 얻지 못했을 것입니다.

하지만, 저의 재배방법과 후쿠오카 씨의 농법은 전혀 똑같지 않습니다. 어떤 의미에서는 결정적으로 다르다고 표현해도 무방할 것 같습니다. 우선 저의 재배법은 '무엇을 하지 않아도 되는가'라는 사고방식에 기초를 두고 있지 않습니다. 나름대로의 재배법을 찾아나가는 동안, 저와 후쿠오카 씨는 애초부터 목적이 다르다는 것을 깨닫게 되었거든요.

저는 개인적으로 후쿠오카 씨는 철학자에 가까운 분이라고 생각합니다. 그분은 과학이란 무엇인가, 인간이란 무엇인가 같은, 철학적인 문제에 대한 답을 얻는 것을 가장 우선순위에 두고, 그것을 생각하기 위해 농업이라는 문제를 다루고 있는 게 아닐까 하는 생각이 듭니다. 말하자면 농업을 진리를 추구하기 위한 도구로 사용하는 셈이지요. 하지만 저는 어디까지나 농부입니다. 작물을 키워서 생계를 꾸리고 가족을 부양할 수 있어야 비로소 스스로를 농부라 말할 수 있다고 생각합니다. 단순히 무농약, 무비료로 작물을 만들면 끝나는 게 아닙니다. 밑도 끝도 없이 한마디 하자면, 결국 내가 키운 작물로 가족을 먹여 살리지 못한다면 아무리 멋진 사과를 만들어도 의미가 없다는 말입니다. 게다가 사과를 키워 가족을 부양할 수 있을 만큼의 수입이 나오지 않는다면, 그 재배법이 세상에 제대로 퍼질 수도 없겠지요. 그래서 제가 시행하고 있는 자연재배에서는 '아무것도 하지 않는다'라는 개념 자체가 있을 수가 없습니다.

## 우리 사과밭에
## 병이 퍼지지 않는 이유

저는 농사를 지으며 건강한 식물에는 자신의 힘으로 스스로 병을 치료할 수 있는, 일종의 면역력이 있다는 것을 알게 되었습니다. 사과나무 잎에 잘 생기는 반점낙엽병이라는 병이 있습니다. 이 병에 걸리면 잎에 갈색 반점

같은 병소(병원균이 모여있어 조직에 병적 변화를 일으키는 자리)가 생깁니다. 그대로 방치하면 보통은 그 반점이 점점 넓어지면서 잎이 점점 말라가고 그 잎은 결국 낙엽이 되어 떨어지게 됩니다. 한 장의 잎에서 시작되어 주위 잎으로 넓게 전염되는 무시무시한 병입니다. 농약을 치지 않은 이후 밭의 사과나무들은 일찍이 이 병 때문에 엄청나게 고생을 했습니다. 여름이 되기 전에 거의 모든 잎이 떨어져 버린 나무도 있었습니다.

하지만 지금 저의 밭에서는 한 장의 사과나무 잎에 이 병이 생겨도 희한하게 그 이상은 퍼지지 않습니다. 반점낙엽병 특유의 갈색 물방울 얼룩이 잎에 생기면 잎의 그 부분만 마르다가 병소째로 떨어져버리기 때문입니다. 마치 사과나무가 병에 걸린 부분만 스스로 도려서 떼어내는 것처럼 보입니다.

히로사키대학의 스기야마 선생님께 이 이야기를 했더니 흥미를 보이시며 바로 확인 실험을 해주셨습니다. 저의 밭의 사과 잎과, 농약과 비료를 사용하는 보통 밭의 사과 잎에 각각 반점낙엽병균을 발라서 인공적으로 병소를 만드는 방식으로 말이죠. 두 쪽 다 합해서 300개소에서 실험을 시행했다고 합니다. 결과는 예상대로였습니다. 저의 밭의 사과 잎은 거의 모두 병에 걸린 부분만 말라서 떨어졌습니다. 하지만 다른 밭의 사과 잎은 계속해서 병이 퍼져가기만 하고, 그런 현상은 일어나지 않았습니다.

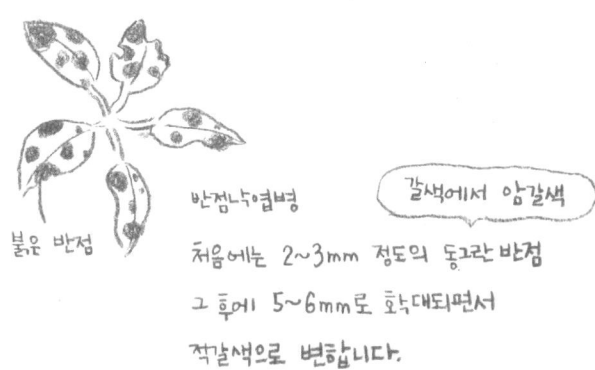

붉은 반점

반점낙엽병 — 갈색에서 암갈색
처음에는 2~3mm 정도의 동그란 반점
그 후에 5~6mm로 확대되면서
적갈색으로 변합니다.

병에 걸린 부위만 깨끗하게 톡 떨어집니다.
낙엽으로 변하지 않습니다!
하지만 보통(다른 밭)의 잎은 병이 퍼져
잎 전체가 떨어집니다.

## ⑳

**'얌전한 병원균'의**
**의미**

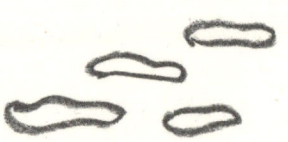

제가 농약 사용을 그만둔 직후, 사과밭에서 '검은별무늬병'이라는 또 하나의 병이 맹위를 떨친 적이 있습니다. 검은 그을음 비슷한 곰팡이가 사과 잎과 열매 표면에 생기는 매우 성가신 병입니다. 습기가 높고 기온이 낮은 장마

철에 특히 많이 생기는 병인데, 해마다 꼭 한 번씩은 이 병이 돌곤 합니다.

하지만 신기하게도 이 병이 한창 유행하는 시기가 왔지만 현재 저의 사과밭에서는 이 병이 퍼지지 않고 있습니다. 반점낙엽병과 마찬가지로 이 병에 걸린 잎이 드문드문 보이긴 해도, 그 이상으로 번지지 않기 때문입니다.

그 이유도 과학적으로는 아직 충분하게 해명되지 않고 있습니다만, 무슨 일이 일어나고 있는 건지 대충 짐작은 갑니다. 병이 퍼지지 않는 것은 아마도 다른 세균이나 균류 등의 미생물 때문일 것입니다. 그들이 방해를 한 탓에, 크게 번식하지 못하는 것이겠죠.

농약을 사용하지 않은 지 어언 30년의 시간이 흘렀습니다. 제가 기른 사과나무에는 농약을 사용하는 과수원의 사과나무와 비교해 훨씬 더 많은 미생물이 서식하고 있습니다. 이 미생물들이 만들어내는 생태계가 반점낙엽병이나 검은별무늬병의 원인이 되는 균류의 증식을 저지하고 있는 것이 틀림없습니다.

기회감염이라는 것을 아십니까? 보통은 인간의 몸속에서 아무런 나쁜 짓도 하지 않던 세균이, 면역력이 떨어진다거나 하면 갑자기 증식하여 병을 일으키는 현상을 말

합니다. 제가 기르는 사과에 생기는 반점낙엽병이나 검은별무늬병의 경우에는 그것과 정반대의 일이 일어난다고 보면 될 것 같습니다.

결국 사과의 내생균內生菌이 활발하게 활동하게 된 덕분에, 지금까지 나쁜 짓만 하던 병원균이 얌전한 상재균常在菌(정상적으로 살고 있는 균)처럼 되어버린 것이 틀림없습니다. 저는 사실 그것이야말로 자연 그대로 존재하는 본연의 사과나무의 모습이라고 생각합니다.

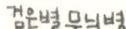

검은별무늬병

사과의 표면

검은 반점은 잘 보면
눈의 결정 모양처럼 보입니다.

# 22

## 생태계를 이용하는 농업

후쿠오카 마사노부 씨는 모든 것을 자연에 맡기고 인간은 가능한 한 아무것도 하지 않는 것을 이상으로 여겼습니다. 하지만 저의 재배법에서는 오히려 인간이 가능한 한 많은 일을 해서 적극적으로 자연에 관여해야 합니다.

조금 더 확실하게 말하자면 제가 지향하는 것은 농약이나 비료 대신 자연의 생태계를 이용하는 농업입니다. 밭에 자연의 생태계 활동시스템을 구축한다고 말하는 편이 보다 더 정확한 표현일지도 모르겠습니다.

미생물들의 활동을 제대로 잘 이용하면 농약의 도움을 빌리지 않고도 병충해를 방지할 수 있습니다. 다만 여기서 중요한 것은 미생물들의 활동을 우리가 정말 제대로 이용해야 한다는 것입니다. 우리 인간이 아무것도 하지 않고 그냥 자연에게만 맡겨둔다면, 결국 분명히 가까운 시일 내에 밭은 엉망이 되어버릴 게 틀림없습니다.

저의 밭의 사과나무도 아마 말라버릴 것입니다. 왜냐하면 그 이와키산 기슭에 사과나무를 심은 것은 인간이니까요. 인간의 사정 때문에 그곳에 사과나무를 심었다는 점을 명심해야 합니다. 자연이 사과나무를 선택한 것이 아닙니다. 인간의 사정을 이와키산 기슭이라는 자연에, 말하자면 밀어붙인 셈입니다.

누군가 자신에게 무언가를 억지로 밀어붙인다면, 당연히 싫어하기 마련입니다. 자연도 마찬가지입니다. 결국 그 마음은 병충해로 표현됩니다. 병충해는 자연의 마음을 나타내주는 지표이기 때문입니다.

밭의 환경이 변합니다.

작은 동물의 움직임은 농약에 맞먹는 힘이 있습니다.

⬇ 면역력이 높아집니다

크게 도움을 주는 벌레

잎이 스스로 병을 치료합니다.

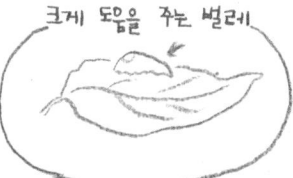

그리고 지금까지 우리는 자연의 마음을 농약이나 화학비료로 가라앉혔습니다. 억지로 눌러준 셈이죠. 저는 농약이나 화학비료에 맡겨버렸던 그 역할을 인간의 손으로 다시 찾고 싶었습니다. 살아있는 인간의 몸으로 그 역할들을 하나하나 수행한다면 훨씬 더 좋은 결과가 있을 거라고 생각했습니다. 더 나아가 자연을 밀어붙이는 방식이 아니라 자연과 조화를 이루는 방식을 통해서 말이죠. 생태계가 지니고 있는 균형 능력을 채소나 과일 재배에 적용해보고 싶었습니다.

말하자면 저의 재배방식은 인간이 자연 생태계와 사과나무 사이에 중개자로 들어가 사과나무가 그곳의 생태계 속에서 조화롭게 살아갈 수 있도록 환경을 만들어주는 것입니다. 인간과 자연이 공존할 수 있는 시스템을 만들자! 저는 이것이야말로 농부가 해야 할 역할이라고 믿습니다. 또한 앞으로 밭이라는 것이 그런 시스템이 정착할 수 있는 곳이 되어야 한다고 생각합니다.

자연은
게으름뱅이?

저는 농사를 지을 때 농약뿐만 아니라 비료도 사용하지 않습니다. 화학비료든 유기비료든 상관없이 모두 다 사용하지 않습니다. 왜냐하면 자연은 기본적으로 게으름뱅이이기 때문입니다. 그런데 막상 이렇게 말해놓고 보니 게으름뱅이라는 말은 어감이 좀 별로네요. 좀 더 멋진 말로 바꿔볼까요? 앞에서도 이렇게 말한 적이 있는 것 같긴 합니다만, 이편이 더 확실한 것 같습니다. 좋습니다! 이렇게 표현하는 게 정확하겠군요. '자연은 쓸데없는 짓은 절대 하지 않는다.'

콩 이야기를 다시 해보죠. 밭에 콩을 처음 심고 나서 5년 남짓의 시간이 지나고 나니, 콩 뿌리에 공생하여 질소동화(생물체가 대기 중의 기체 질소 또는 토양이나 물속의 무기질소화합물을 사용하여 각종 유기질소화합물을 만드는 작용)를 하는 뿌리혹박테리아가 붙어있는 뿌리혹이 거의 다 사라졌습니다. 흙 속에 충분한 질소가 공급되었기 때문에 뿌리혹박테리아가 더 이상 활동하지 않게 된 것이죠. 그것과 마찬가지로 비료를 주게 되면, 예를 들어 질소나 인산을 식물에게 공급하는 활동을 하는 흙 속 세균이 아무래도 활동을 잘 못하게 되는 모양입니다.

'만일 당신이 오늘 복권에 당첨된다면, 당장 내일부터 회사를 다니겠습니까?' 저는 이런 예를 들어, 이 상황을 설명하곤 합니다. 우리 인간도 평생 놀면서 살 수 있을 만큼의 거금이 갑자기 손에 들어오면, 확실히 일을 할 동기가 확 떨어져버릴 것입니다. 똑같은 이치입니다. 물론 지금까지 회사를 다니면서 생긴 정이나 의리가 있는데, 갑자기 나 몰라라 내일부터 당장 회사를 그만두지는 않겠지요. 내일까지 정도는 나가겠지요.

토양세균도 마찬가지입니다. 흙 속에 질소가 충분히 존재하게 되면 질소동화를 하는 균근균菌根菌은 활동을 하지 않습니다. 잠을 자거나 아니면 더 이상 거기에 살 필요가 없어진 미생물이 재빨리 도태되는 것일지도 모르겠습니다. 말이 좋아 활동을 안 한다고 표현하는 것이지, 실은 필요가 없어지니 쫓겨나는 셈입니다.

여기서 반드시 말씀드리고 넘어가야 할 게 있습니다. 제 말씀을 오해하시면 곤란합니다. 사실 여기서 제가 하는 모든 이야기는 어디까지나 제 자신의 관찰에 근거해, 식물에 대해 제가 세운 가설 비슷한 것일 뿐, 증명된 사실이 아닙니다. 그 점을 명심해주세요.

저는 다만 자연을 생각하면서 이런 식으로 스토리를 다양하게 상상해보는 것 자체가 재미있고, 더 나아가서 여러 가지 흥미로운 생각들이 솟아오르곤 하는 것이 즐겁습니다. 때로는 그러한 공상이 아예 틀리다고 말할 수는 없어도, 굉장히 현실과 동떨어진 것일 때도 있습니다.

'게으름뱅이'인 것은 토양세균도, 사과나무 뿌리도 마찬

# 일본 농림 규격(JAS) 유기재배와 자연재배의 차이

유기재배 ⇨ 국가가 인정한 비료, 농약, 퇴비를 이용합니다.

자연재배 ⇨ 비료, 농약 등을 전혀 사용하지 않고, 자연상태를 이용합니다.

⬇

방임은 아닙니다.

지구환경보존을 위한 지속가능한 재배

가지입니다. 제가 비료를 사용하지 않는 이유가 또 하나 있습니다. 비료를 주면 뿌리 끝이 그다지 잘 자라지 못하기 때문입니다. 사과나무 입장에서 생각해보면 그 원리를 쉽게 알 수가 있습니다. 필요한 양분을 비료를 통해 쉽게 얻을 수 있으니, 고생해서 일부러 뿌리를 길게 뻗을 필요가 없어지는 것입니다. 작물의 성장을 좋게 하려면, 우선 뿌리를 키우지 않으면 안 됩니다. 그러기 위해서 저는 비료를 주지 않습니다.

그래서인지 저의 과수원 사과나무 뿌리 길이를 측정해보면 거의 20미터 이상이나 길게 뻗어 있습니다. 다른 밭에 있는 사과나무 뿌리의 몇 배 이상이나 되는 길이입니다. 이 사과나무는 적은 양분을 구하기 위해 사람들이 보지 않는 곳에서도 이렇게 열심히 뿌리를 내렸구나, 이런 생각을 하면 기특하고 애틋한 마음에 살짝 눈물이 나오기도 합니다.

벌레는
어떤 얼굴을 하고 있을까요?

인간은 대체 어떻게 생겨먹은 존재일까요. 아무래도 인간에게는 모든 사물을 선한 편과 악한 편, 둘 중 하나로 나누고 싶어 하는 경향이 있는 것 같습니다. 정의의 편인지, 악의 앞잡이인지, 익충인지 해충인지, 성선설인지 성악설인지, 다 이런 식으로요. 그러는 편이 세상을 이해하기 쉽고, 행동방침도 간단히 세울 수 있기 때문일까요?
권선징악이라는 것도 다 마찬가지 맥락일 것입니다. 착한 쪽의 편을 들고 악은 때려 부수면 되는 거니까요. 정의가 악을 쓰러뜨리면 세상은 안정을 찾고 평화가 찾아옵니다. TV 속의 시대극도 그렇고, 실제 국가 간 전쟁을 봐도 그렇고, 대부분 다 그런 이치로 돌아가고 있습니다.
사과밭 속도 마찬가지입니다. 저도 긴 시간 동안 단순히 그렇게 생각해왔습니다. 그러니까 농약은 항상 법률로 규제되어 있는 한계까지 아슬아슬하게, 가능한 한 많이 사용했습니다. 사과나무에 나쁜 짓을 하는 미운 적인 해충이나 병원균 같은 것은, 철저하게 박멸시키는 것 외에는 방법이 없다고 굳게 믿고 있었으니까요.
게다가 그것만 성실하게 제대로 이행하면, 사과밭은 항상 매년 가을마다 깨끗하고 눈부시게 빛나는 수많은 아름다운 사과열매를 선사해주었습니다. 그러면 저는 그 답례로 나무뿌리에 비료를 듬뿍 주었지요. 이렇게 탐스러운 사과를 제공해주었으니 그 정도의 감사 표시는 당연한 일이었지요.
그런 식이었기 때문에 사과는 농약이나 화학비료로 만들

어지는 것이 당연하다고 생각했습니다. 그 생각이 어쩌면 틀렸을지도 모른다는 생각을 하기 시작한 것은 농약을 사용하지 않게 되면서부터입니다. 농약을 사용하지 않으니 당연히 해충이 대량으로 발생했고, 저는 그 해충을 일일이 한 마리 한 마리 손으로 잡아야만 했습니다.

농약을 사용한다면 그렇게 많은 벌레와 매일매일 얼굴을 맞닥뜨릴 필요는 전혀 없었겠지요. 하긴 농약을 뿌릴 때는 높은 하늘에서 폭탄을 떨어뜨리는 폭격기의 파일럿처럼 새빨간 농약살포차의 조종석에 앉아있기 때문에, 적인 해충의 얼굴 따위는 보고 싶어도 볼 수가 없었습니다. 하지만 무농약 재배를 시작한 후, 저는 매일매일 왼쪽 손목에 비닐봉지를 동여매고, 마치 원숭이가 벼룩을 잡듯이 양손으로 사과 잎에 붙어있는 밉살스러운 해충을 잡아서는 비닐봉지 속으로 떨어뜨렸습니다. 어떤 때는 나무 한 그루에서 비닐봉지 3개 분량의 벌레를 잡은 적도 있습니다.

아침부터 밤까지 반복해서 끝없이 벌레를 잡고 있다 보면, 진저리가 날 정도로 그 일이 지겨워질 때가 있습니다. 그때도 아마 그랬던 것 같습니다. 제가 갑자기 왜 그런 생각을 했는지는 잘 기억나지 않습니다만, 문득 이 벌레가 어떤 얼굴을 하고 있는지 궁금하다는 생각이 들었습니다. 그때 눈앞에 있었던 벌레는 차잎말이나방이었습니다. 그때까지 못해도 몇 백 마리의 차잎말이나방을 손으로 잡았을 텐데, 한 번도 그 얼굴을 자세히 본 적이 없다는 생각이 갑자기 머리를 스쳤던 것입니다. 그래서 손으로 잡은 차잎말이나방을 유심히 들여다보기 시작했는데, 역시 너무 작아서 잘 보이지 않았습니다.

그때 문득 옛날에 딸내미에게 사주었던 책의 부록으로 딸려온 확대경이 집에 있다는 게 기억이 나더군요. 그날이었는지 그 다음날이었는지 확실하진 않지만, 저는 다시 한번 확대경으로 그 차잎말이나방을 들여다보았습니다. 그랬더니 예상과는 달리 차잎말이나방은 너무나도 귀여운 얼굴을 하고 있었습니다. 동그랗고 귀여운 눈동자라고 표현하면 너무 의인화한 것처럼 느껴질지 모르겠지만, 커다랗고 귀여운 눈이 정말 인상적인 얼굴이었습니다.

그 이후 흥미가 생겨서 그때부터 벌레를 잡으면 주머니에 넣어온 확대경으로 얼굴을 들여다보는 취미가 생겼습니다. 그런데 너무나 재미있게도 인간이 해충이라 여기는 벌레는 대부분 다 귀여운 얼굴을 하고 있었고, 반대로 그 해충을 잡아먹는 익충은 확대경으로 바라보면 어쩐지 괴

물처럼 무서운 얼굴을 하고 있었습니다.

처음엔 의외이기도 하고 신기하기도 했지만, 조금 생각해보니 어쩐지 그 이유를 알 것도 같았습니다. 그도 그럴 것이 해충이라는 것은 사과 잎이나 열매를 먹는, 말하자면 초식동물인 셈입니다. 반대로 거미도 그렇고 벌도 그렇고 풀잠자리유충도 그렇고, 해충을 잡아먹는 익충은 육식동물, 즉 맹수에 속합니다. 그렇게 생각하면 초식동물이 맹수와 비교해서 더 평화로운 얼굴을 하고 있는 것은 당연한 일이겠지요.

맛 있는 풀,
맛 없는 풀

사과가 열매를 맺지 못해 수입이 없는 빈곤한 생활이 몇 년이나 계속된 덕분에, 저는 풀의 맛에 대해 상당히 자세히 알게 되었습니다. 마침 저의 사과밭에는 갖가지 종류의 풀들이 자라고 있었고 농약도 몇 년이나 치지 않았기

때문에, 풀을 수확해 먹기에 딱 안성맞춤이었거든요.

먹을 수 있을 것 같이 생긴 풀은 정말 소매를 걷어붙이고 몽땅 다 먹어봤습니다. 그 중에서도 제가 가장 맛있다고 느낀 풀은 역시 별꽃입니다. 별꽃은 상당히 맛있습니다. 깨소금 등의 양념을 넣고 자주 무쳐 먹었습니다. 겨자를 쳐서 먹기도 했습니다. 별꽃은 젖풀이라는 별명으로 불릴 만큼 먹으면 모유가 잘 나오는 풀로도 유명합니다. 진짜인지 아닌지 알 수는 없습니다만.

다만 주의할 점이 하나 있습니다. 별꽃이 맛이 있을 때는 꽃이 피기 전입니다. 꽃이 피어버리면 잎이 질겨져서 맛이 없어집니다. 그러니까 꽃이 피면 먹지 않는 게 좋겠지요. 그런 것도 스스로 먹어보고 새롭게 알게 된 사실입니다.

어릴 때 병아리를 키우면서 자주 이 풀을 꺾어서 먹이로 주었는데, 그런 사실을 모르고 꽃이 피기 전에도 주고 후에도 주고 아무 상관없이 마구 주었던 기억이 납니다. 병아리에게 딱딱하고 맛없는 별꽃을 굉장히 많이 먹였다는 사실을 깨닫고는 살짝 반성했습니다.

그리고 소가 항상 너무나도 맛있게 먹고 있는 걸 계속 봐왔기 때문에, 계속 주시하고 있었던 풀이 또 있었습니다.

그 이름은 바로 오차드그라스orchard grass, 즉 목초입니다. 그런데 이 풀은 너무 맛이 없었습니다. 아니, 맛이 없었다기보다 섬유질이 많아 너무 억세서 아예 먹을 수가 없었다고 하는 게 옳겠네요. 좀 더 어린 풀만 골라서 먹었다면 좀 나았을지도 모르겠지만, 아무튼 심하더군요. 소는 정말 용케도 이런 것을 먹고 소화할 수 있구나, 새삼 대단하다는 생각을 했습니다.

하지만 생각해보면 그것이 바로 소의 능력입니다. 부드럽고 맛있는 풀이라면 다른 동물이 다 먹어버리고 말 테니까요. 아무도 쳐다보지 않을 만큼 질기고 억센 이파리를 먹기 때문에 소의 먹이가 그렇게도 풍부하게 지천에 깔려 있을 수 있는 것입니다. 그 질긴 풀을 소화하기 위해 소는 4개의 위를 가지고, 하루 종일 풀을 씹고 또 씹습니다. 생물이라는 것은 어쩌면 이렇게 대단한가, 새삼 신비롭게 느껴집니다.

아무튼, 저는 이런 식으로 여러 가지 다양한 풀들을 먹어봤습니다. 이렇게 다양한 풀들을 먹어보고 알게 된 것은 대부분의 풀은 맛이 없다는 사실입니다. 뭐, 이건 당연한 이야기지만 솔직히 풀이란 것이 너무 맛이 있었다면 많은 동물들이 금방 달려들어 금방 사라져버리고 말았겠지요. 섬유질을 많이 만들어 딱딱하고 질기게 하거나 쓴 맛을 내게 하거나 하는 식으로, 다른 동물들에게 먹히지 않도록 진화하는 것은 식물로서는 당연한 생존전략일 것입니다. 때문에 인간이 먹고 맛있다고 느끼는 야생풀은 오히려 예외적인 존재라고 볼 수 있습니다.

맛이 없는 정도라면 그래도 낫습니다. 풀 중에는 아예 독을 만들어서 자신을 먹은 생물에게 중독 증상을 일으키는 방법으로 자신의 몸을 보호하는 식물도 있습니다. 인간을 죽음에 이르게 할 수 있는 맹독을 가진 식물도 있습니다. 그러니 단순한 호기심 때문에 부디 잘 알지 못하는 초목을 먹거나 하는 행동은 절대 하지 않으셨으면 좋겠습니다.

## 적을 만들지 않는
## 농업

예를 들어 어떤 벌레가 성충일 때도 유충일 때도 사과 잎이나 열매를 모조리 먹어치우는, 도저히 잘 봐주고 싶어도 잘 봐줄 수가 없는 악당, 즉 명실상부한 해충이라고 가정해봅시다. 그럼에도 불구하고 그 벌레는 사과나무

입장에서 보았을 때 사과나무를 위해 최소한 한 가지의 일은 해줍니다. 그게 무엇일까요?

그것은 사과의 해충을 잡아먹는, 소위 익충의 식량이 되어준다는 것입니다. 우리 사과농가는 해충을 재빨리 먹어주는 익충에게 감사를 표하지만, 그 익충의 생명을 지속시켜주는 것은 실은 해충입니다. 그 해충을 박멸시키면 당연한 일이지만 익충도 사라져버립니다.

해충이 없으니 어차피 익충도 필요 없는 거 아니냐고 말씀하실 지도 모르겠습니다. 하지만 자연은 그렇게 단순한 시스템으로 돌아가지 않습니다. 해충이라는 것은 결국 여기서 말하자면 '먹히는' 쪽인데 대체로 '먹는' 쪽인 익충보다 그 수도 많고 번식력도 강합니다. 사과밭의 해충 중에는 1년 동안 매우 여러 번 알을 낳는 종류도 많이 있습니다. 그렇지 않으면 천적에게 간단히 잡아먹히니까 나름대로 방편을 세운 것입니다.

하지만 해충을 모두 박멸해서 익충도 다 사라져버린 밭에, 그 틈을 노려 다른 어딘가에서 그 해충이 몇 마리라도 날아 들어온다면 어떻게 될까요? 이미 천적인 익충은 없습니다. 해충은 당연히 점점 번식해서 눈 깜짝 할 사이에 온 사과밭을 쑥대밭으로 만들어버리겠지요.

사실 이 일은 이미 일찍이 저의 밭에서 일어났던 일입니다. 제가 무엇을 잘못했던 걸까요? 농약 살포를 어느 순간에 그만둔 게 잘못이었을까요? 그런 게 아닙니다. 잘못한 것은 그 훨씬 전에 했던 일입니다. 제가 잘못한 일은 어떤 벌레가 사과 이파리를 먹는 것을 보고 그 벌레를 적이라고 철석같이 믿어버린 것입니다.

그것은 진실의 극히 일부분에 불과합니다. 생태계란 살아가는 모든 것들이 그물망처럼 복잡하게 연결되어 있는 시스템입니다. 생명 전체의 움직임입니다. 그 전체가 연결되어 있어서 그 중 하나의 생명을 구성하고 있는 정도를 아는 것으로는 전체의 그림을 알 수 없습니다. 저는 그 생태계의 일부인 생물을, 인간의 편의대로 선과 악으로 구분해버리는 것 자체가 잘못의 시작이었다고 생각합니다.

해충이라든가 익충이라든가 하는 단어에 휘둘려서는 안 됩니다. 자연에는 선도 악도 존재하지 않습니다. 살아있는 것은 모두, 자신에게 주어진 생명의 시간을 필사적으로 살아갈 뿐입니다. 어떤 생물이든 모두 다 생태계 속에서 부여받은 자신의 역할을 수행할 뿐입니다.

적 같은 건 어디에도 없다는 것을 깨달은 것이, 바로 저의 재배법의 출발점입니다. 벌레가 대량으로 발생하는 것은 그럴 만한 이유가 있기 때문입니다. 그리고 그 원인을 찾아 그렇게 되지 않도록 준비를 하는 것이 올바른 농부의 역할입니다.

병충해는 원인이 아니라, 어디까지나 결과입니다. 말하자면 병충해가 만연했기 때문에 사과나무가 약해진 것이 아니라 사과나무가 약해졌기 때문에 병충해가 대량 발생한 것입니다. 벌레와 병, 즉 병충해는 저에게 그 사실을 가르쳐주었습니다.

그것을 깨달은 후, 저는 마스코트를 하나 만들었습니다. 사과 잎을 갉아먹는 얄미운 적인 주제에 동그랗고 귀여운 눈동자를 갖고 있는 차잎말이나방 마스코트입니다. 그리고 드디어 사과를 수확할 수 있게 된 다음에, 주문자에게 사과를 보내는 사과상자에 그 차잎말이나방 일러스트를 인쇄했습니다.

병충해와 싸우는 것을 그만두었을 때 비로소 자신이 앞으로 무엇을 해야 할지 알게 되었다는 사실을 잊지 않기 위해서입니다. 차잎말이나방이 있어주었기 때문에, 밭의 사과나무들은 몇 년 동안의 긴 침묵의 시간 끝에 다시 그 하얗고 가련한 꽃을 피워준 것이라고 생각합니다.

한 그루의 나무에는
몇 개 정도의 사과가 열리나요?

이 질문은 사과나무의 수명과 크기, 그리고 인간이 얼마나 오랫동안 사과를 딸 수 있는가 등 여러 가지 질문과 긴밀한 관련을 맺고 있습니다. 예를 들어 저의 사과밭에서 가장 오래된 사과나무인 50년 된 사과나무는 작년에

1170개의 사과열매를 맺었습니다.

지금까지 저희 과수원 최고 기록은 한 그루에 1400여 개 정도 열린 것입니다. 최고 기록이라고 해도 어디까지나 나무에 달려있는 사과 수를 센 것 중에서 최고라는 의미입니다. 사과를 딴 다음에는 지금까지 단 한 번도 몇 개인지 세어본 적이 없습니다.

게다가 사과나무의 사과 수를 세어준 것도, 실은 스기야마 선생님 연구실에서 온 학생들이었습니다. 그들이 수를 세서 알려주지 않았다면, 저희 과수원의 나무에 몇 개의 사과가 열리는지 영원히 알지 못했을지도 모르겠습니다.

## 농부가 가장 좋아하는 계절

제가 가장 좋아하는 계절은 겨울입니다. 사과밭이 있는 이와키산 기슭에는 매년 눈이 2미터에서 3미터 정도 쌓입니다. 그때마다 사과나무는 눈 속에 묻히고 맙니다. 그렇게 되면 더 이상 병도 생기지 않고 벌레도 오지 않습니다. 밭에 가 봐도 할 수 있는 일이 거의 없기 때문에, 도서관에 나가서 그동안 궁금했던 것을 찾아보거나, 계속 읽고 싶었지만 시간이 없어서 못 읽었던 책을 읽는 등, 제가 좋아하는 일을 할 수 있습니다.

병충해로 골머리를 앓았던 건 벌써 20년도 더 된 옛날 일입니다만, 당시에 얼마나 고충이 심했는지 지금도 그때의 일이 불쑥불쑥 생각나곤 합니다. 아마도 그때 힘들었던 기억이 어디 마음속 한구석에 단단히 스며들었기 때문이겠죠.

그렇기 때문에, 지금도 저는 겨울이 되고 눈이 내리기 시작하면 그때처럼 뭔가 안심이 되고 마음이 홀가분해집니다. 겨울이 되면 새하얀 눈이 병에 지치고 벌레에 공격당해 만신창이가 된 사과나무를 포근히 안아주는 느낌이 듭니다. 매일매일 아침부터 밤까지 벌레를 잡느라 고생하지 않아도 되고 사과나무 상태를 살피며 가슴을 졸이거나 머리가 복잡해지는 일도 없습니다. 주위 농가를 봐도 모두 마찬가지입니다. 다들 어쩐지 편안하고 느긋해 보입니다.

봄이 되면 눈이 녹고, 아무것도 남지 않은 앙상한 사과나무가 그 모습을 드러냅니다. 그리고 병충해의 습격이 다시 시작됩니다. 뭐라 말할 수 없는 우울한 기분, 초조함과 절망감은 20년이 지난 지금도 마음에 깊게 상처처럼 각인되어 있습니다. 결국 트라우마가 된 셈이죠. 그 반대급부로 딱 그만큼 엄청나게 겨울이 좋습니다.

밭이 눈에 묻히면 더 이상 밭에 나가서 아무것도 할 게 없어지는 것은 그때나 지금이나 마찬가지입니다. 초등학생 때 기다리고 기다리던 여름방학이 시작될 때의 기분과 똑같다고나 할까요.

## 영양이 남아도니까
## 벌레가 꼬이는 것

콩의 뿌리혹박테리아를 이용하는 방법에 대해 말씀드리고 싶습니다. 흙 속에 필요한 만큼의 질소가 존재하면 뿌리혹박테리아가 활동하지 않는다고 이미 앞에서 여러 번 말씀드렸습니다. 그러니까 흙 속이 질소 과잉 상태가 되는 일은 없습니다. 서모스탯thermostat(온도제어기)이 붙어 있는 에어컨이 자동적으로 방 온도를 유지하는 것과 같은 원리입니다.

극단적인 예이긴 하지만, 인간이 질소비료를 주는 것은 서모스탯이 망가진 에어컨을 작동시키는 것과 같습니다. 흙 속에 얼마나 질소가 있는지 알지도 못하면서 매년 질소비료를 준다면 얼마 안 가 질소 과잉 상태가 되어버릴 게 분명합니다.

작물에 진딧물이 끼는 것은 아마도 그 때문일 것입니다. 진딧물은 여분의 영양분을 먹으러 오는 것입니다. 그리고 그 진딧물을 죽이기 위해서는 또 농약을 써야만 합니다. 그 증거로 비료를 주지 않는 자연재배에서는 진딧물 피해를 입는 일이 거의 없습니다. 만일 비료를 주고 있는 화분이나 밭에 진딧물이 발생한다면 일정 기간 비료를 주지 않을 것을 권합니다.

## 대초원과
## 박테리아

---

같은 밭에서 같은 작물을 매년 키우면, 작물의 생육이 나빠져서 수확량이 점점 줄어듭니다. 이것을 '연작장해'라고 합니다. 오늘날처럼 제초제를 사용해 잡초를 없애다 보면, 토양세균도 단일한 균만 계속 늘어나게 되어 연작

장해를 일으키는 원인이 됩니다.

보통 연작장해가 일어나면 약을 사용해 토양소독을 실시합니다. 이것은 흙을 흙으로 보지 않는 요즘의 농업 현상을 단적으로 보여주는 예라고 생각합니다. 소독이라고 하면 독을 없앤다는 의미인데, 정확히 말하면 '살균'이라는 뜻입니다. 살균을 하면 좋은 균도 나쁜 균도, 아무튼 그 토양에 있는 모든 박테리아가 몽땅 다 죽어버립니다. 거기에 있는 균을 전부 죽이기 때문에 일시적으로 연작장해는 사라집니다. 하지만 3년 정도 지나면 다시 발생합니다. 토양세균이 없어진 공백지대에 나쁜 짓을 하는 세균이 대량으로 발생하기 때문입니다. 그러면 거기에 또 토양살균을 합니다. 이렇게 하다 보면 소독을 멈출 수가 없습니다. 끝이 없습니다. 실은 이 일을 여러 번 반복하는 바람에 결국 전혀 작물을 재배할 수 없게 된 밭이 일본 여기저기에 있습니다.

하지만 저처럼 비료를 주지 않는 밭에서는 지금까지 몇 년 동안 같은 작물을 심어도 연작장해가 일어난 적이 없습니다. 그것은 저의 밭에 여러 가지 잡초가 자라고 있기 때문입니다. 다종다양한 풀이 자라고 있으면 흙 속 미생물이 단일화되지 않습니다. 잡초는 이 연작장해를 막기 위해서라도 반드시 필요한 존재입니다.

연작장해는 병이 아닙니다. 흙 속 미생물 층이 단일화되면서 일어나는 현상에 지나지 않습니다. 다종다양한 생물이 있기 때문에 비로소 생태계가 유지될 수 있습니다. 그것은 코끼리나 사자가 있는 아프리카 대초원뿐만 아니라, 미생물들이 살고 있는 흙 속이라는 미시적인 세계에서도 똑같이 적용되는 원리입니다.

## 31

왜 겨울에는
톱이 잘 들까요?

사과농가의 1년은 대부분 2월 정도부터 시작됩니다. 밭이 눈에 묻히면 할 일이 아무것도 없다고 앞에서 말했지만 실은 아직 눈이 쌓여있는 2월에는 해야 할 중요한 일이 하나 있습니다. 그것은 가지치기입니다. 즉, 남아도는 가지를 잘라 사과나무의 모습을 정리해주어야 합니다. 이렇게 눈 위에서 가지치기를 시작하는 것으로 사과농가의 1년이 시작됩니다.

그런데 왜 하필이면 이런 시기에 가지치기를 하는 걸까요? 그것은 이 시기에 톱이 가장 잘 들어서 쉽게 가지를 자를 수 있기 때문입니다. 다른 계절에는 가지를 자를 때 사용하는 톱날이 점점 무뎌져서 자르는 것 자체가 힘듭니다. 나무수액에 포함된 타닌이 톱에 묻어 톱날을 무디게 하기 때문이지요. 하지만 겨울에는 사과나무의 성장이 멈춰있기 때문에, 수액의 이동이 거의 없습니다. 그래서 사과 가지를 자르는 것이 굉장히 수월해지는 것입니다.

저는 세 군데 다른 장소에 밭을 가지고 있는데, 지금은 대부분 열흘 정도면 밭 한 곳의 가지치기를 끝낼 수 있습니다. 예전에는 차잎말이나방이 굉장히 많아서 하루에 세 그루 정도 가지치기를 하면 많이 하는 것이었습니다. 가지치기를 하면서 차잎말이나방의 알까지 걷어내야 했기 때문에 시간이 굉장히 많이 걸렸던 것이죠. 하지만 지금은 정말로 신기할 정도로 밭에서 차잎말이나방의 모습을 구경할 수가 없어서 정말 편하게 작업하고 있습니다. 그래도 올해처럼 눈이 너무 많이 내리면 완전히 눈에 묻

혀버리기 때문에 아무것도 할 수가 없습니다. 가지치기도 상당히 늦어질 수밖에 없습니다. 눈이 녹고 사과나무가 다시 숨을 쉬기 시작하면 톱을 사용하기 어려워지기 때문에 그 전에 되도록 재빨리 가지치기 작업을 끝내는 것이 이상적입니다. 하지만 일이란 건 언제나 이상적으로 진행되지 않는 법이죠. 자연을 상대로 하는 일은 더욱 그렇습니다. 항상 예측 불가능한 사태가 일어나는 곳이 자연이니까요.

**잎맥과 가지의
관계**

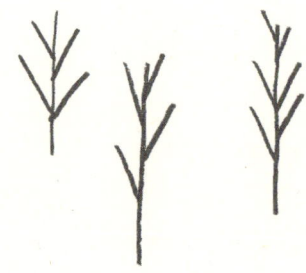

가지치기를 잘했느냐 못했느냐에 따라 사과의 수확량이 크게 달라지기도 하고 병충해에 대한 저항력에도 차이가 생깁니다. 따라서 사과농가의 입장에서 보면 가지치기 기술은 아무리 강조해도 부족할 정도로 중요한 일입니다.

하지만 저 같은 경우는 그냥 제멋대로 하는 편입니다. 말하자면 이웃사람이 가지치기를 할 때 유심히 지켜보지 않고 그냥 나만의 방식대로 했다는 이야기입니다.

그런데 막상 무농약 재배를 시작해보니 다른 농부들에게 실례되는 이야기지만 제멋대로 마구 가지치기 하던 게 오히려 도움이 되더군요. 왜냐하면 다른 분들의 가지치기는 어디까지나 비료와 농약 사용을 전제로 한 가지치기였기 때문입니다.

예를 들어 가지가 땅 쪽으로 자라도록 가지치기를 해도, 농약을 치면 아무 문제가 없습니다. 하지만 제가 재배하는 방식에 따르면 그런 가지치기를 했을 때 바로 검은별무늬병이 급격히 생깁니다. 늘어진 가지에서는 좀처럼 아침이슬이 마르지 않습니다. 그 때문에 습기를 좋아하는 검은별무늬병이 지면 쪽으로 자라는 가지에 갑자기 퍼지게 되는 것입니다.

그래서 뭔가 답이 없을까 하고 찾고 있다가, 이파리의 잎맥이 참고가 된다는 것을 알아냈습니다. 잎맥이라는 것은 뿌리 끝에서부터 수분이나 양분을 이파리 구석구석까지 보내 엽록소로 만든 탄수화물을 이동하기 위한 것입니다. 인간의 혈관, 지구 전체를 놓고 보자면 강江 비슷한 것이라고 할 수 있습니다. 그렇게 생각하다 보니, 나무 전체의 형태로 보면 '가지'라는 것들도 어쩌면 잎맥과 똑같은 작용을 하고 있는 게 아닐까 하는 생각에 다다르게 되더군요.

'맞아, 비슷한 것인지도 몰라.' 그렇게 생각하고 다시 보니 잎맥의 형태와 가지의 모양새가 굉장히 비슷하게 보였습니다. 둘 다 수분이나 양분을 이동시키는 것이 목적이니까 닮은 모양새를 한 것은 당연한 것인지도 모릅니다.

이파리의 잎맥 형태는 식물에 따라 다릅니다. 마찬가지로 가지의 형태도 식물에 따라 다릅니다. 혹시나 해서 그때부터 시간이 날 때마다 나무의 가지 형태와 그 잎맥의 형태를 비교해보기 시작했습니다.

그랬더니 놀랍게도 대체로 똑같은 형태를 하고 있었습니다. 잎이 퍼져 있는 식물은 가지도 퍼져있더군요. 날씬한 등줄기를 가진 키 큰 나무는 이파리도 역시 날씬하고 좁은 잎맥이 쫙 뻗어있습니다.

그렇습니다! 잎맥의 형태는 수목 각각의 자연스러운 모습을 표현해주고 있었습니다. 그때부터 저는 사과 잎의 잎맥을 보면서, 잎맥을 흉내 내면서, 사과나무의 가지치기를 하고 있습니다. 그랬더니 놀랍게도 확실히 사과의 병이 확 줄었습니다.

사과 이외의 나무에도 똑같은 가지치기 방식을 적용해 보았습니다. 즉, 그 과일나무의 잎을 참고하면서 가지치기를 했습니다. 그랬더니 자연재배로 재배방식을 바꿔도 병이 나지 않았습니다.

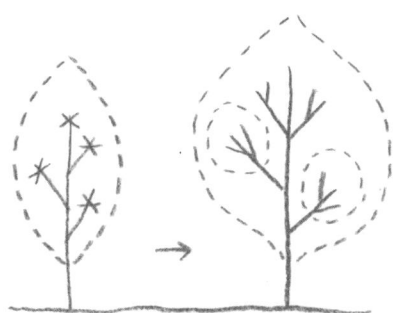

이파리의 잎맥을 참고하여 가지치기를 합니다.

## 33

**'기적의 사과'는
마당에서도 키울 수 있을까요?**

'기적의 사과'를 마당에서 키울 수 있냐고요? 물론 키울 수 있습니다. 물론 확실히 키울 수 있냐고 물어본다면, 결과를 보장할 수는 없습니다. 하지만 정성을 다해 끈기를 갖고 포기하지 않고 키운다면, 당연히 가능합니다. 기후

조건이 맞아야 하지 않느냐고 묻는다면, 기본적으로 제가 키우는 사과가 자라는 일본이라면 어디나 가능합니다. 오키나와에서도 사과나무를 심어 키우고 있는 사람이 있을 정도니까요.

다만, 사과나무는 적어도 두 그루 정도는 심어주는 것이 좋습니다. 그것도 서로 다른 품종이어야 합니다. 사과가 똑같은 품종이라는 것은 유전자적으로 똑같은 개체, 즉 클론이란 뜻입니다. 사과는 자가수분, 즉 자신이 자신에게 수분할 수 없습니다. 때문에 다른 품종의 사과를 옆에 심지 않으면, 꽃이 피어도 수분이 되지 않아 열매가 열리지 않습니다.

추천하는 품종은 조나골드Jonagold(골든 딜리셔스에 홍옥을 교배하여 개발한 사과 품종)와 쓰가루(아오리 사과라고도 불리는 여름 사과 품종)입니다. 둘 다 병충해에 대한 내성이 비교적 강해서, 사과 농사 초심자도 재배하기 쉬운 편입니다. 물론 다른 품종이 안 되는 것은 아니니까, 여러 방면으로 잘 조사해본 다음 선택하면 좋을 것 같습니다.

어떤 품종을 선택하더라도 가정에서 재배하는 것이니 수고樹高(나무 높이)가 너무 높지 않은 왜성대목矮性臺木(유전적으로 키가 작은 성질을 지닌 대목)을 선택하는 편이 쉽게 키울 수 있습니다. 심는 시기는 3월에서 4월이 적당합니다. 늦서리가 내리는 시기가 지나, 사과가 잎을 내놓기 전에 심는 것이 가장 이상적입니다.

묘목을 사왔다면 사과는 고급스런 과일이기 때문에 가능한 한 물이 잘 빠지고 햇빛이 잘 드는 좋은 장소를 선택해 심어주세요. 남향에 살짝 완만하게 기울어진 경사면에 심는 것이 가장 이상적입니다. 거기에 통풍까지 잘 된다면 최적이겠지요. 두 그루의 나무는 최소한 3미터 정도의 간격으로 심어주어야 합니다. 그 이상 간격을 벌려 심어도 물론 문제는 없습니다.

묘목을 심을 때는 깊이 20센티미터 정도로 얕게 구멍을 파주세요. 묘목을 구멍에 넣을 때에는 뿌리 윗부분이 지면보다 조금 높게 나오도록 심습니다. 묘목이 휘청거리기 때문에 뿌리 부분에 흙을 봉긋하게 덮어주어야 합니다. 묘목이 쓰러지지 않도록 막대기를 세워서 지탱해주는 것도 잊지 마세요.

묘목을 심는 구멍을 깊게 파면 안 되는 것에는 이유가 있습니다. 구멍을 깊게 파면 새로운 뿌리가 지면에 접한 줄기 밑 부분에서부터 나와버리기 때문입니다. 그렇게 되면 새로운 뿌리가 우세해져서 지금까지 잘 활동했던 뿌

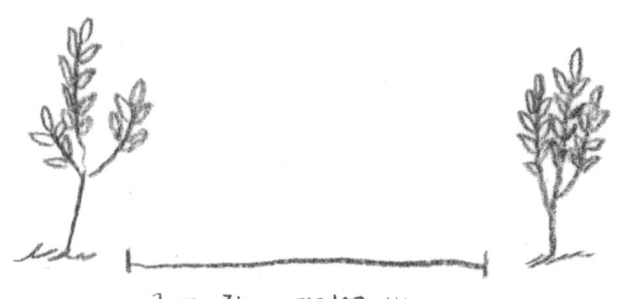
3미터 정도의 간격으로 심습니다.

리는 활동을 멈추어버립니다.

묘목을 심었다면 그때만큼은 물을 아주 충분히 주어야 합니다. 이것은 사과 뿌리와 묘목을 심은 지면의 흙을 밀착시키기 위해서입니다. 이 이후에는 기본적으로는 물을 주지 않는 것이 원칙입니다. 흙은 마르면 수축합니다. 거기에 물을 주면 흙은 팽창하지만 동시에 기껏 성장하기 시작한 사과의 미세한 뿌리들이 성장을 멈춰 뿌리가 짧아집니다. 때문에 흙이 심하게 건조해져서 사과나무가 약해질 정도에 이르렀다면 또 몰라도, 기본적으로는 물은 거의 줄 필요가 없다는 것을 기억해두세요.

무엇보다 콩을 함께 심어주세요. 왜성대목이라면 대목에서 80센티미터~1미터 정도 거리를 두어서 최소한 4군데에 십자모양이 되도록 콩을 뿌려줍니다. 물론 4군데뿐만 아니라, 좀 더 많이 뿌려서 주변이 콩밭이 되어버려도 상관없습니다. 다만, 사과나무에서 80센티미터 이내에는 뿌리지 않아야 합니다.

이 콩이 자라서 열매를 맺으면 수확해서 먹어버립시다. 수확할 때에는 뿌리째 뽑지 않도록 주의하면서 뽑아야 합니다. 사과에게는 콩의 뿌리에 붙은 뿌리혹박테리아의 활동이 반드시 필요하니까요. 처음 3년은 매년 콩을 뿌려야 합니다만, 그 이후에는 뿌릴 필요가 없습니다. 그리고 이 재배법을 시도하려면 기본적으로 아무리 주고 싶어도 퇴비를 포함한 일체의 비료는 주지 말아야 합니다. 잘 되면 묘목을 심고 나서 3년 째 되는 해에 꽃이 피고 2개나 3개 정도의 사과열매가 달릴 것입니다. 그 이후의 수확은 그 3년 동안에 사과나무나 흙을 관찰하고 공부하면서 당신 자신이 얼마만큼 농약이나 비료 대신 사과나무에 적절한 대응을 잘 해주었는지에 달려있습니다.

## 가지를 자르면
## 나무가 건강해진다?

사과나무를 심었다면, 콩을 뿌리는 것 말고도 해야 할 일이 하나 더 있습니다. 첫 가지치기입니다. 이 가지치기는 묘목을 심을 때 해주어야 합니다. 방법은 간단합니다. 사과묘목 끝을 잡고 내 몸 쪽으로 잡아당깁니다. 그리고 잡아당겨 구부러진 부분에서 묘목을 자릅니다. 이걸로 끝. 가지치기 종료입니다!

가지치기 경험이 별로 없는 분들 중에는 가지치기를 하면서 간혹 사과묘목이 불쌍하다고 생각하는 분이 있으실지도 모르겠습니다. 하지만 가지치기는 정확하게 해주면 나무를 건강하게 만들어줍니다.

사과나무 묘목은, 실은 당신의 집에 도착하기 전에 이미 흙에서 뽑힌 몸입니다. 그때 눈에 보이지 않는 뿌리가 떨어져나갔기 때문에 묘목이 약해져있는 상태이지요. 그래서 그 잘린 뿌리에 맞춰서 지상부의 묘목 꼭대기 부분을 가지치기 해줍니다. 뿌리에 상처를 입었다면 지상부도 조금 줄여서 사과나무에 부담을 줄여주자는 것입니다.

또 꼭대기 부분이 잘린 사과묘목은 옆으로 가지를 뻗습니다. 묘목은 보통 한 자루의 막대기 같이 볼품없는 모양을 하고 있지만, 여기서 가지를 뻗으면 조금은 사과나무 같은 모양을 갖추게 됩니다.

일단은 가지치기를 하면 가지가 새로 난다는 것을 기억해주세요. 그 다음 해부터 가지치기를 할 때는 사과 이파리의 잎맥을 보면서, 가지의 성장이 잎맥과 비슷하게 되도록 머리에 이미지를 그리면서 해야 합니다.

잘 모르겠다고요? 실제 사과나무와 사과의 잎을 비교하면서 시행착오를 거듭하면 알 수 있습니다. 머릿속으로 그려보는 것보다 직접 해보는 편이 훨씬 더 간단하답니다.

(35)

**벌레는
손으로 잡자**

만일 마당의 사과나무에 벌레가 찾아와도 당황할 필요가 없습니다. 손으로 잡아주면 됩니다. 저는 800그루의 사과나무에 붙은 벌레를 손으로 일일이 잡아야 했기 때문에 정말 큰일이었습니다만, 두 그루 정도라면 전혀 걱정할 필요가 없습니다. 잎을 먹는 벌레는 느긋하게 손으로 잡아주면 됩니다.

문제는 병입니다. 병의 원인이 되는 균류는 사과나무 표면이나 가지 등, 모든 곳에 존재할 수 있습니다. 게다가 균류는 평상시에는 얌전하게 있다가 자신이 성장할 수 있는 조건이 갖춰지면 갑자기 확 증식해버리기 때문에 매우 골치 아픈 존재입니다. 이미 병이 퍼져버렸다면, 손으로 할 수 있는 일은 아무것도 없습니다. 그렇기 때문에 병이 걸리지 않도록 예방하고 또 예방하는 수밖에 별다른 방도가 없습니다.

이럴 땐 식초를 이용하는 것이 좋습니다. 양조식초를 물에 200배 이상 엷게 희석해서 사용하세요. 농도가 이것보다 높으면 잎이 타버립니다. 식초를 살포한 그날에 바로 타는 것이 아닙니다. 만일 식초를 살포하고 이틀이나 3일이 경과한 후 잎이 암갈색으로 변하면, 식초로 인해 잎이 타버렸다는 증거입니다. 잎을 지키려다가 잎을 태워버리는 것만큼 한심한 일은 없습니다. 아무쪼록 주의하고 또 주의해서 그 모습을 살펴보면서 식초를 살포해야 합니다.

200배 이상 엷게 희석한 식초를 분무기에 넣어 잎이나 가지에 뿌리면 됩니다. 비가 오면 기껏 뿌려놓은 식초가 다 비에 씻겨 내려갈 위험이 있기 때문에, 날씨가 좋은 날을 선택해 작업해야 합니다. 그리고 식초를 살포한 후 며칠 동안은 잎의 모양을 잘 관찰해주세요. 잎이 적갈색이 된다면 식초의 농도가 너무 강한 것입니다.

식초를 살포하는 타이밍 역시 스스로 알아내 기억하는 수밖에 없습니다. 병이 나려고 하기 바로 직전이 가장 좋은 타이밍입니다. 예를 들어 검은별무늬병이라면 저온에 습기가 높을 때, 즉 장마 기간에 특히 발생하기 쉽습니다. 일기예보를 보고 장마기간이 시작되기 전에 날씨가 좋은 날을 노려 살포해주는 것이 좋습니다.

참고로 다음 글에서 살포 타이밍에 대해 자세하게 소개해놓았습니다. 사실 저는 사과를 시장에 상품으로 내놓고 팔아서 생활하는 농사꾼이니까, 가정의 텃밭이나 마당에서 키우는 사과에 필요한 것보다는 훨씬 더 자주 세심하게 구석구석 식초를 살포하는 편입니다. 그러니까 가정에서 가족끼리 드실 생각으로 소량 재배할 때에는 저처럼 구석구석 살포할 필요까지는 없습니다. 지나치게 살포해 잎이 상처를 입지 않도록 아무쪼록 주의, 또 주의해주시기 바랍니다.

그러기 위해서라도 애정을 가지고 하루에 한 번은 사과나무 앞에 서서 사과나무를 자세히 관찰해주세요. 그러면서 흙 속 상태를 함께 상상하는 것도 잊지 마시고요.

## 36 식초를 살포하는 법

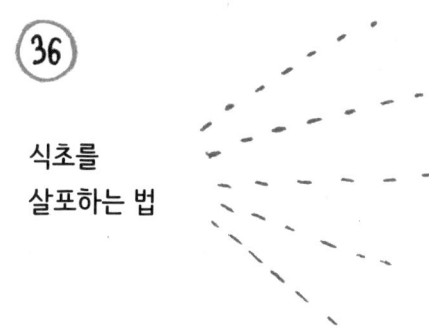

1년 중 가장 먼저 시행하는 식초 살포는 보통 4월 경, 잎이 나오기 전에 실시합니다. 사과는 꽃이 피기 전에 잎이 나옵니다. 이와키산 기슭에 위치한 저의 사과밭에서는 눈이 녹고 흙이 보이기 시작할 즈음이 되면 잎이 나오기 때문에, 그 전에 한 번 살포합니다.

이것은 겨울을 꿋꿋이 버티고 살아남은 월동 벌레 알과 균류에 대한 대책입니다. 봄이 와서 따뜻해지고 사과나무가 활동을 하기 시작하면 벌레나 균류도 같이 활동을 시작합니다. 그때가 바로 경칩입니다. 월동 알과 월동 균에 대한 대책으로 50배에서 80배 정도로 희석한, 상당히 진한 농도의 식초를 나무의 줄기나 가지에 살포합니다. 이 시기는 아직 잎이 나오기 전이기 때문에 잎이 타 버릴까봐 걱정할 필요가 없습니다. 다만 이 농도는 인간에게도 상당히 짙은 농도이기 때문에, 식초를 살포할 때 눈에 들어가면 상당히 쓰라립니다. 실제로 살포할 때 조심해야 합니다.

두 번째 살포는 사과 꽃봉오리가 나올 즈음에 실시합니다. 아직 기온이 그다지 높지 않은 시기이기 때문에 검은별무늬병을 막기 위해 살포하는 것입니다. 농도는 200배 정도가 좋습니다. 이 시기에는 봄바람이 강해지기 때문에 바람이 없는 아침을 잘 선택해 아침 6시 정도부터 살포하기 시작합니다. 낮이 가까워지면 상승기류에 맞춰 바람도 강해지므로 가능하면 9시에서 10시까지는 살포를 끝내는 것이 좋습니다. 가능하면 꽃이 피기 직전에 한 번 더 살포해주면 좋습니다. 이것도 검은별무늬병 방지를 위한 대책입니다. 농도는 역시 이전과 동일한 200배 정도입니다.

꽃이 피기 시작하면 기본적으로 사과나무는 건드리지 않는 것이 좋습니다. 인공수분을 하는 사람도 있고 벌 등의 곤충을 이용하는 사람도 있지만, 저의 경우 꿀벌이나 어리호박벌이 꿀을 먹으러 오니까 수분은 그들에게 맡기고, 그 사이에 밭의 수로를 고치거나 돌멩이를 골라내거나 사과나무를 키우는 데 필요한 도구들을 정비하는 등 다양한 잡일을 하며 지냅니다.

네 번째 식초 살포는 꽃잎이 떨어지고 나서 대략 2주일 후 정도에 시행합니다. 식초의 농도는 150배에서 200배 정도가 좋습니다. 식초의 농도는 항상 생각보다 연하게 합니다. 그 이후에는 날씨나 사과나무의 상태를 봐가며 8월까지 열흘에서 보름에 한 번 정도 살포합니다.

위의 설명은 가장 이상적인 조건을 말한 것일 뿐입니다. 사실 저만해도 요즘에는 농업 지도를 나가야 하는 곳이 갑자기 많아져서 초봄에서 수확기까지 4번에서 5번 정도밖에 살포하지 못했습니다. 올해야말로 좀 더 긴 시간을 사과나무와 함께 지내야지, 다시 한번 굳게 마음 먹어봅니다.

## 37

자연을
'거꾸로' 보자

인간이라는 동물은 오감 중에서도 특히 시각이 발달했다고 합니다. 그래서 아무래도 눈에 보이는 것을 중심으로 세상을 확인하려는 경향이 강한 것 같습니다. 그 자체야 나쁠 게 없지만 그런 경향 탓에 오히려 놓치게 되는 일들이 많은 것도 사실입니다. 그 대표적인 것이 흙 속의 일들입니다. 저만 해도 그렇습니다. 식물에게 있어서 무엇보다 중요한 것은 뿌리 끝인데도 불구하고, 그런 사실을 깜빡 잊어버릴 때가 많습니다. 그런 것들이 갖가지 실수의 원인이 되고 있는 게 아닌가 하는 생각이 저절로 듭니다. 흙 속에 숨겨져있어서 눈에 보이지 않기 때문에 제대로 인식하는 것 자체가 쉬운 일이 아니지만, 그렇기 때문에 더욱 상상력을 동원해서 지금 이 식물의 뿌리 끝이 어떻게 되어있는가를 생각하는 것이 중요합니다.

사과나무를 키울 때도 마찬가지입니다. 만일 사과나무가 약해졌다면 가장 먼저 뿌리가 어떻게 되어있는지 생각해주세요. 뿌리 끝만 견고하게 자리 잡고 있고 건강하다면, 사과나무는 반드시 다시 건강을 회복할 수 있습니다. 하지만 만일 어떤 원인으로 인해 뿌리 끝이 약해졌다면 뿌리 끝의 부담을 줄이기 위해 지상부의 가지를 줄여주는 방법을 생각해야 합니다.

비단 사과나무에만 해당되는 일은 아닙니다만, 제가 항상 물을 적게 주라고 당부하는 이유는 흙 속에 가능한 한 산소가 많이 존재할 수 있도록 최적의 상태를 유지하기 위해서입니다. 흙 속 세균 중에는 호기성균과 혐기성균이 있습니다. 쉽게 풀어서 말하자면 산소를 좋아하는 세균과 좋아하지 않는 세균이 있다는 뜻입니다.

물론 자연 전체로 보면 호기성균도 혐기성균도 각각의 역할이 있어서 둘 다 필요한 존재겠지만, 작물을 재배하거나 우리가 생활하기 위해서는 가능한 한 이 혐기성균은 멀리 하는 것이 좋습니다. 혐기성균은 산소를 싫어하는 세균으로 물이 잘 빠지지 않는 장소 등에서 증식하는 경향이 있는데, 혐기성균 중에는 부패의 원인이 되거나 위험한 독을 생산하는 것들이 많습니다. 그 유명한 보툴리누스균이나 탄저균도 다 혐기성균입니다.

때문에 흙 속에 식물이 필요로 하는 이상의 수분이 생기지 않도록, 물이 잘 빠지는지 항상 생각하면서 사과나무를 키우려고 노력해야 합니다. 마당에 사과나무를 심었다면 그 사과나무를 바라볼 때마다 흙 속의 뿌리 끝이 방선균 등의 호기성균과 사이좋게 잘 공생하고 있는지 항상 생각하고 있었으면 합니다.

저는 항상 밭을 대강 갈라고 지도하는데, 여기서 '대강'이라 함은 '거칠게' 갈라는 의미입니다. 밭을 거칠게 갈라는 이유는 밭을 거칠게 갈면 흙 속에 공기가 많이 들어가기 때문입니다. 공기가 많을수록 호기성균이 증가합니다.

또 틈이 많이 생기니까 작물도 뿌리를 뻗기가 더 쉬워집니다. 뿌리 끝을 생각하면 밭을 거칠게 가는 것이 좋은 게 당연하다는 것을 바로 알 수 있습니다. 1주일에 한 번 정도는 두 다리 사이에 머리를 끼워 넣고 사과나무를 거꾸로 바라보세요. 지상부의 가지나 이파리가 사과나무의 다리이고, 머리는 흙 속의 뿌리라는 상상을 해보시길 바랍니다. 자연을 보는 법이 바뀔지도 모릅니다.

작물을 키울 때에는 우선 뿌리 끝부터 생각해야 합니다. 그러고 나서 잎이나 가지를 생각하는 것이 가장 적절하고 합리적인 생각입니다.

## 몇 종류의 사과를
## 재배하고 있나요?

사과나무 품종 중 사과 수확기가 가장 빠른 것은 쓰가루라는 품종입니다. 저의 사과밭에서 자라는 쓰가루 사과는 대략 9월 중순 정도부터 수확을 시작합니다. 쓰가루 수확이 끝나면 좀 오래된 품종이지만 홍월을 수확합니다.

홍월은 10월 초반에는 수확할 수 있습니다. 그 다음은 홍옥입니다. 홍옥은 10월 10일이 지나서 수확합니다. 그 다음에는 학쿠나인, 그 뒤에는 오린, 그리고 후지(부사) 순으로 수확이 시작됩니다.

무쓰라는 품종의 사과 수확 시기는 상당히 늦어서, 10월 말에서 11월 초순 정도에 수확하기 때문에 거의 후지와 같은 시기에 수확한다는 느낌입니다. 후지는 일본에서 현재 가장 많이 수확되고 있는 품종인데, 이 사과는 눈이 내리기 시작하는 11월 중순 정도까지도 수확을 합니다. 그 외에도 조나골드 같은, 조금씩 생산하는 품종도 있는데 출하는 거의 하지 않고 있습니다.

이상의 것들을 종합해보면, 질문의 답, 즉 제가 재배하고 있는 사과의 품종은 전부 다 합해서 7개에서 8개 정도가 되겠네요.

## 39

**농부가 되려면
어떻게 해야 하나요?**

이것은 어디까지나 개인적인 의견입니다만, 미래의 농부들은 어떻게 하면 비용이 많이 들지 않는 농사를 지을 수 있을까, 어떻게 하면 부가가치가 높은 농작물을 생산할 수 있을까에 대한 해답을 찾으려고 노력해야 할 것 같습

니다. 그러기 위해서라도, 자화자찬 같지만 농약도 비료도 사용하지 않는 자연재배를 꼭 시험해봤으면 좋겠습니다. 다만 제가 그랬던 것처럼 처음부터 수입을 바라고 시작하면 안 된다는 것은 알아야 합니다. 그렇기 때문에 수입을 위한 다른 일을 병행하며 조금씩 기량을 닦아 경작 면적을 늘려가면서 전문 농사꾼이 되는 것을 목표로 삼는 것이 현실적이라고 생각합니다.

처음에는 역시 논에서 시작하는 것이 좋습니다. 사과재배는 자연재배를 하지 않더라도 원래 논일을 하는 것보다 적어도 손이 5배는 더 간다고들 하는 어려운 농사입니다. 사과를 자연재배 하게 되면 그러지 않아도 쉽지 않은 기존의 재배방식보다 손이 더 가기 때문에 농사 경험이 없는 분이 갑자기 처음부터 사과 농사를 시도하는 것은 상당히 어렵다는 말씀을 드리고 싶습니다.

누가 뭐래도 벼농사는 수천 년의 역사를 지닌 농업인데다가, 농약이나 비료를 사용하지 않는 자연재배와의 궁합도 굉장히 좋습니다. 간단하다고 말한다면 너무 지나친 말일지도 모르지만 다른 작물에 비교해 실패율이 상당히 낮습니다.

본격적으로 농사를 지을 게 아니라면 농지를 구입할 필

요가 없습니다. 대신 누구나 농지를 빌릴 수 있으니 일단 논을 빌려보세요. 일본 전역에 경작을 포기한 논이 계속 늘어나는 추세이기 때문에 햇빛이 잘 드는 좋은 장소를 잘 찾아보면 논을 빌리는 것은 그렇게 어려운 일이 아닐 거라 생각합니다. 집 마당 채소밭을 졸업했다면, 그 다음에는 논을 찾아서 벼농사를 지어보는 건 어떨까요?

한 그루 한 그루
개성이 넘치는 사과나무

앞에서 같은 품종의 사과나무는 DNA가 같다는 의미에서 클론이나 마찬가지라는 말을 한 적이 있습니다. 인간으로 치면, 쌍둥이 같은 것이겠죠. 하지만 사과는 고작 몇 개체가 똑같은 쌍둥이와는 그 규모가 틀립니다. 후지 사과를 예로 들어볼까요. 후지가 전 세계에 몇 십만 그루나 존재하는지 알 수는 없지만, 아무튼 그 후지 사과나무 전부가 몽땅 다 똑같은 DNA를 가졌다고 상상해보세요. 기분이 이상하지 않나요? 신기하기도 하고요.

하지만 그것보다 훨씬 더 신기한 것은 유전자가 똑같은 그 사과나무가, 저희 과수원의 사과만 보더라도 각각 전혀 다른 개성을 지니고 있다는 점입니다. 한없이 위로 가지를 뻗으려고 하는 나무가 있는가 하면 옆으로 퍼지는 나무도 있고, 해마다 많은 사과열매를 맺는 나무가 있는가 하면 그다지 열매를 맺지 않는 나무도 있습니다. 병에 강한 나무가 있는가 하면, 또 약한 나무도 있습니다. 그리고 똑같은 흙에서 자랐는데도 깜짝 놀랄 정도로 맛있는 사과를 만드는 나무가 있는가 하면, 딱히 그렇지 않은 나무도 있습니다.

물론 공통점도 아주 많습니다. 하지만 사과나무 한 그루 한 그루는 각각 다른 이름을 지어주고 싶을 정도로 정말 개성이 넘칩니다. 한 그루 한 그루가 다 다릅니다. 저는 눈을 크게 뜨고 서로가 다르다는 점을 인식하면서 같은 생물 친구의 입장으로 1대 1로 서로를 마주하려 노력합니다. 이렇게 하는 것이야말로 사과나무와 친해지는 유일한 방법이라는 것을 긴 농부생활의 끄트머리에 도달해서야 겨우 알게 되었습니다.

물론 이런 차이는 비단 사과에만 국한된 것은 아닙니다. 풀 한 포기만 잘 관찰해 봐도, 같은 종류의 풀인데도 불구하고 자라고 있는 장소에 따라 전혀 다른 모양을 하고 있는 풀이 얼마든지 있다는 걸 알 수 있습니다.

사람들은 이 세상을 이해하기 위해 여러 가지 것들에 이름을 붙입니다. 이름을 붙이고 분류하고는 이해했다고 생각하지요. 인터넷 세상에서는 그런 지식들이 입이 쩍 벌어질 정도로 방대하게 존재하고 있습니다. 앞으로 얼마나 더 기술이 진보해서 지금보다 훨씬 많은 지식이 생산될지는 모르겠지만, 아마 앞으로도 인터넷 세상에는 제가 지금 바라보고 있는 사과나무의 성격에 대한 지식은 영원히 단 한 줄도 나오지 않을 게 분명합니다.

진정한 의미에서 자연과 함께하기 위해서는 1대 1로, 본연의 마음과 몸으로 자연을 마주하는 수밖에 없다고 생각합니다. 지식은 서로 잘 사귀어보기 위한 가이드북 정도의 역할은 할 수 있을지 모릅니다. 하지만 아무리 가이드북을 열심히 읽는다 해도 어차피 가이드북을 읽는 행위는 자연과 직접 사귀어보는 것과는 전혀 다른 이야기입니다. 그런 의미로 보면 지금까지 제가 말씀드린 것도 단순한 지식이 담겨있는 가이드북에 지나지 않습니다.

흙을 알려면 흙투성이가 되는 수밖에 없습니다. 앞으로 언젠가 시간이 된다면 산의 흙냄새를 맡아보세요. 그리고 산의 흙은 정말로 '훅'하고 코를 자극하는, 뭐라 이야기할 수 없는 향기로운 냄새가 나는지 스스로 확인해보시길 바랍니다. 어쩌면 전혀 다른 냄새가 날지도 모를 일입니다.

**사과상자와
학교**

물론 인간도 마찬가지입니다. 한 사람 한 사람 모두 다 다릅니다. 그럼에도 불구하고 우리는 똑같은 나이의 아이들을 사과상자 같은 교실 하나에 한꺼번에 모아놓고, 모두가 다 똑같다는 전제를 달고 교육을 시킵니다. 애초에 그 자체가 잘못된 것입니다. 한 그루의 사과나무에 열리는 사과만 해도 하나하나 자세히 보면 똑같은 것이 하나도 없습니다. 하물며 다른 부모에게서 태어난 아이들 한 사람 한 사람이 서로 전혀 다른 것은 너무나 당연한 일입니다.

그런데도 우리는 사과상자에 사과를 차곡차곡 채워 넣는 것과 마찬가지로 어떻게든 아이들의 색이나 형태를 비슷하게 만들려고 노력합니다. 다른 사과보다 크기가 좀 작거나, 색깔이 좀 안 좋거나, 작은 흠집이라도 난 사과는 사과상자에서 퇴출당합니다. 보통보다 떨어진다는 이유에서요. 사과라면 그래도 괜찮습니다. 그런 사과가 오히려 의외로 더 맛있기도 하니까요. 저뿐만 아니라 대부분의 사과농가는 겉보기에 좋지 않은 사과는 시장에 내놓지 않고 가족들끼리 먹거나 친구들을 주거나 합니다.

게다가 저의 재배법으로 기르면 농약이나 비료를 사용하는 방법에 비해 아무래도 그런 못난이 사과들이 더 많이 나오기 마련입니다. 해마다 조금씩 차이는 있습니다만 대략 30% 정도는 못난이 사과들이 나옵니다. 그 30%의 사과는 주스나 식초 같은 다양한 가공품을 만드는데 사용하고 있습니다. 사업적인 부분을 이야기하자면 이

30%의 사과를 버리는 게 아니라 어떻게 제대로 가공하느냐에 따라 자연재배 사과밭 경영의 승패가 걸려있다고 말할 수 있습니다.

인간도 마찬가지라고 생각합니다. 아이들을 하나의 사과 상자에 끼워 넣는 것은 어디까지나 어른들의 사정에 의한 것입니다. 그렇게 하는 편이 효율적이기 때문에 그렇게 하는 것에 지나지 않습니다. 그렇게 생각해보면 아이들이 뒤떨어지는 것도 실은 아이들의 책임이 아니라 어디까지나 어른들이 만들어낸 시스템에 의해 발생한, 어른들의 책임이 아닐까요?

아이들은 한 사람 한 사람 다 다릅니다. 저는 지금부터라도 미래를 위해서 아이들 각각이 지닌 차이를 존중하고 다르다는 것을 전제로 한 교육에 대해 신중하게 생각해야 한다고 믿습니다. 그것은 아이들만을 위해서가 아닙니다. 저의 경험에 의하면 이런 교육이 잘 시행되면 사과밭 전체도 제대로 잘 될 것이 틀림없기 때문입니다. 세상을 깜짝 놀라게 했던 수많은 천재나 위인들이 실은 어린 시절에는 뒤떨어지는 아이였다는 사실을 우리 모두 알고 있으니까요.

## 42

**사과나무는
얼마만큼 자랄 수 있나요?**

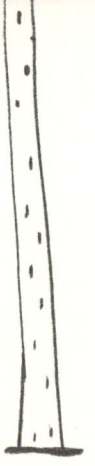

사과는 얼마만큼 자랄 수 있을까? 이것은 저도 실험해본 적이 없기 때문에 책에서 읽은 지식으로 답을 대신하겠습니다. 사과나무는 높이 30미터 정도까지 거목으로 자랄 수 있다고 합니다.

원래라면 그렇게 큰 나무로 자랄 수 있는 나무를 인간의 손이 닿기 편하도록 3미터나 4미터 정도의 높이에서 잘라버리고 매년 많은 사과열매를 맺게 하는 셈이니, 사과나무에게는 아무리 감사하고 또 감사해도 모자랄 것 같습니다.

## 싹이 나기 전에
## 나오는 것

콩을 심으면 가장 먼저 나는 것은 무엇일까요? 싹이라고요? 아니요. 싹은 아닙니다. 조금만 더 생각해보세요. 이제 아시겠어요? 정답은 뿌리입니다. 콩뿐만 아니라 대부분의 씨는 다 그렇습니다. 가장 먼저 뿌리가 나오고, 그 다음에 싹이 납니다.

인간은 지면 위에서 내려다보기 때문에 아무래도 흙에서 얼굴을 내미는 싹만 주목하기 쉽습니다. 하지만 잘 생각해보면 뿌리 쪽이 먼저 나오는 것이 당연합니다. 성장하려면 일단 뿌리 끝에서 물이나 영양분을 빨아들여야 하기 때문입니다.

이것은 씨앗일 때에만 해당되는 이야기는 아닙니다. 자연재배로 바꾸면 벼도 그렇고 무도 그렇고 갑자기 성장이 나빠지는 것처럼 보입니다. 이 차이는 매우 큽니다. 모내기를 하면 한동안은 관행농법으로 기르는 벼의 성장 쪽이 명백하게 훨씬 더 잘 자랍니다. 하지만 그렇게 생각하는 것도 실은 지상 부분만 보고 있기 때문에 그런 것입니다. 자연재배를 하는 벼의 성장이 늦어지는 것처럼 보이는 것은 땅 밑의 뿌리를 먼저 뻗기 때문입니다. 뿌리는 가장 먼저 나올 뿐만 아니라 다른 것보다 먼저 성장합니다. 그것은 뿌리를 잡아당겨보면 확실하게 알 수 있습니다. 빈약해 보이는 자연재배로 기르는 벼가 뿌리 끝이 훨씬 더 발달되어 있습니다. 가느다란 수염뿌리까지 확실하게 거느리고 있는 굵고도 긴 뿌리가 듬직하게 자라고 있습니다.

이 지하세계에 자리한 눈에 보이지 않는 부분이 사실은 더 중요합니다. 뿌리를 충분하게 발달시킨 후에 드디어 지상 쪽의 이파리와 줄기가 성장하기 시작합니다. 성장이 나쁜 것처럼 보였던 자연재배 벼는 어느 시기를 지나면 점점 더 성장해서 눈 깜짝할 사이에 보통 벼의 성장 수준을 뛰어넘습니다. 뿌리를 먼저 뻗는다는 것을 기억하세요. 그것은 사과에도 인간에도 그대로 적용되는 진리입니다.

## 자연의 시간을
## 산다는 것

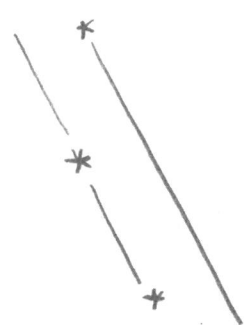

사과열매가 아직 열리기 전에는 시간이 아주 많습니다. 그러니까 하루 진종일 계속 벌레 한 마리를 관찰하는 일도 가능합니다. 무엇이든 하루 종일 계속해서 관찰하다 보면 저 같은 사람도 상당히 여러 가지 것들을 배울 수 있습니다.

언젠가 한번은 깊은 숲 속에서 풀이나 나무에 햇빛이 어떻게 비치는지를 관찰하면서 하루를 보낸 적이 있습니다. 아침 해가 뜰 때부터 해가 질 때까지 계속 보고 또 본 결과 알게 된 것은, 어떤 풀도 하루 중 한 번은 어디에선가 햇빛을 받는다는 것이었습니다. 직사광선을 잘 받지 못해도 하루에 한 번은 빛을 받게끔 되어있는 것입니다. 저는 이 신비로운 사실을 눈으로 확인하면서 어쩌면 키 큰 나무가 키 작은 식물을 위해 햇빛을 조금 양보해주는 게 아닌가 하는 생각을 했습니다. 나무가 성장해가면 밑의 가지가 자연스럽게 말라서 떨어집니다. 빛이 들지 않아서 효율이 좋지 않으니 가지를 떨어뜨리는 거라고 말하는 사람도 있지만 저는 그런 게 아니라고 생각합니다. 어쩌면 나무는 자신의 밑에서 자라고 있는 잡초에게 조금이라도 빛이 전달되게 하기 위해 스스로 자신의 가지를 떨어뜨리는 게 아닐까요? 왜냐하면 잡초가 자라는 편이 나무한테도 도움이 되니까요.

잡초가 자라야 흙 속 세균이 늘어나는 데 유리합니다. 게다가 풀은 자연적인 에어컨 역할을 해주기도 하지요. 더운 여름날에 잡초가 자라있는 장소와 아무것도 자라있지 않은 장소의 온도를 측정해보면 무려 10도 가까이 차이가 나는 경우도 있습니다. 물론 풀이 자라는 장소가 훨씬 더 시원합니다.

나무의 뿌리 끝도 시원한 편이 더 기분 좋은 건 당연합니다. 그러니까 스스로 가지를 떨어뜨려 잡초나 키 작은 나무에게 빛이 닿도록 하는 게 아닐까, 자연 생태계는 그런 식으로 보존되는 게 아닐까, 하는 생각을 하게 됩니다.

뭐, 제 생각이 맞는지 아닌지는 확인할 길이 없습니다만 아무튼 벌레나 풀들을 관찰하면서 그런 것들을 하염없이 생각하는 시간은 저에게는 굉장히 소중한 시간입니다. 가끔은 시계 보는 것을 잊고 자연의 시간을 살아보는 것도 필요하답니다. 왜냐하면 인간도 자연의 일부니까요.

**흙의 학교**　　　　　　　　　　　기무라 아키노리 + 이시카와 다쿠지 지음
土の学校　　　　　　　　　　　　염혜은 옮김

1판 1쇄 펴낸날 2015년 1월 23일
1판 5쇄 펴낸날 2022년 1월 20일

펴낸이 전은정
펴낸곳 목수책방
출판신고 제25100-2013-000021호

대표전화 070 8151 4255
팩시밀리 0303 3440 7277
이메일 moonlittree@naver.com
블로그 post.naver.com/moonlittree
페이스북 moksubooks　　　　　　　　일러스트 도쿠치 나오미
인스타그램 moksubooks　　　　　　　디자인·표지 일러스트 studio fttg
스마트스토어 smartstore.naver.com/moksubooks　　제작 야진북스

TSUCHI NO GAKKO
by KIMURA Akinori, ISHIKAWA Takuji
Copyright ⓒ 2013 KIMURA Akinori, ISHIKAWA Takuji
All rights reserved.
Originally published in Japan by GENTOSHA INC., Tokyo.
Korean translation rights arranged with GENTOSHA INC., Japan
through THE SAKAI AGENCY and IMPRIMA KOREA AGENCY.
Korean translation rights ⓒ 2015 MOKSU PUBLISHING COMPANY

이 책의 한국어판 저작권은 일본의 사카이 에이전시와 임프리마 코리아 에이전시를 통해
일본 저작권자와 독점 계약한 '목수책방'에 있습니다. 저작권법에 의해 한국 내에서 보호를 받는
저작물이므로 무단전재나 복제, 광전자 매체 수록을 금합니다.

ISBN　　979-11-953285-2-9　03480　　　　　가격　　13,000원